冻土区天然气水合物储层岩石地球物理特征

肖昆　邹长春　著

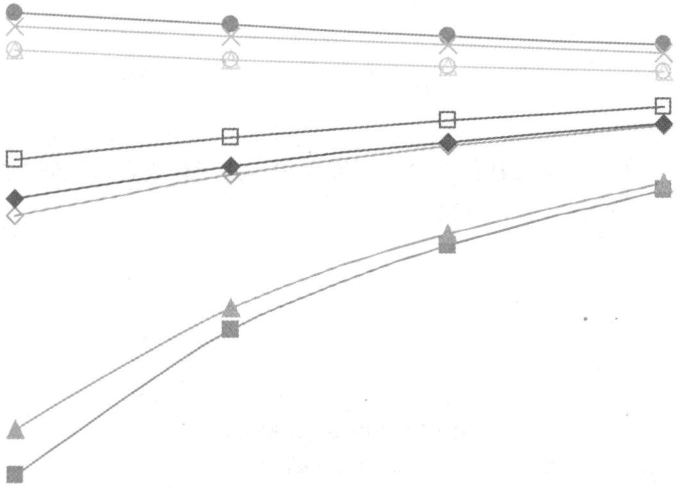

中国石化出版社
HTTP://WWW.SINOPEC-PRESS.COM

图书在版编目（CIP）数据

冻土区天然气水合物储层岩石地球物理特征 / 肖昆，邹长春著. —北京：中国石化出版社，2020.4

ISBN 978-7-5114-5708-0

Ⅰ.①冻… Ⅱ.①肖… ②邹… Ⅲ.①冻土区–天然气水合物–储集层–地球物理学–研究 Ⅳ.① P618.13

中国版本图书馆 CIP 数据核字（2020）第 053800 号

中国石化出版社出版发行

地址：北京市东城区安定门外大街58号
邮编：100011　电话：（010）57512500
发行部电话：（010）57512575
http：//www. sinopec-press. com
E-mail：press@ sinopec. com
北京科信印刷有限公司印刷

*

710×1000毫米　16开本　7.25印张　115千字
2020年5月第1版　2020年5月第1次印刷
定价：65.00元

PREFACE 前言

天然气水合物是一种洁净、储量巨大的新型替代能源，国内目前已在祁连山冻土区发现并钻获了实物样品。由于我国陆域冻土区天然气水合物调查研究起步较晚，目前，相关的地球物理勘查方法主要集中在冻土区水合物野外调查与试验方面，用于解决天然气水合物存在与否的问题。而祁连山冻土区天然气水合物成藏规律和控制因素十分复杂，使得野外地球物理勘探过程中遇到了困难，在天然气水合物储层识别、储层物性研究、地球物理响应特征研究等方面缺乏成熟技术。因此，迫切需要对我国陆域冻土区天然气水合物储层岩石地球物理研究成果进行系统总结、归纳。作者综合近年相关领域科研成果，编纂完成本书。

全书共包含4章。第1章阐述了冻土区天然气水合物科学钻探工程概况、天然气水合物成藏地质条件；第2章阐述了冻土区天然气水合物不同赋存状态的AMT响应特征，并分析了采集参数对AMT反演结果的影响；第3章介绍了冻土区天然气水合物储层正演模拟速度模型，并分析了AVO正演响应规律和弹性参数敏感性；第4章分析了冻土区天然气水合物储层声波测井建模方法。

海域天然气水合物和石油勘探领域的许多理论和方法不能完全适用于冻土区天然气水合物，因此，开展适用于陆域冻土区裂缝型天然气水合物的精细测量、识别与定量评价技术研究是十分必要的。希望本书的出版能够对这一领域的后续研究起到有效的指导作用。

本书所涉及主要研究成果得到了国家自然科学基金（No. 41804116）、江西省自然科学基金（20191BAB0231）、东华理工大学博士科研启动基金（DHBK2015314）及东华理工大学双一流学科建设经费的资助。

本书编写过程中参考了国内外大量优秀书籍、科研论文和相关网络资料。虽然作者力求在参考文献中全部列出，但仍难免出现疏漏之处，在此表示歉意并致以衷心的感谢。由于作者水平有限，书中难免存在不足之处，恳请各位读者批评指正。

C O N T E N T S **目录**

第1章

天然气水合物成藏地质条件

第1节 区域地质及天然气水合物钻探工程概况

1. 区域构造背景

祁连山位于青藏高原东北部，从大地构造单元角度分析，主要包括北祁连构造带、中祁连陆块及南祁连构造带等（图1-1）。本书所涉及研究区所在的二级大地构造单元中祁连陆块，位于一级大地构造单元西域板块内，其夹持于北侧北祁连新元古代—早古生代缝合带和南侧南祁连陆块之间，主体构造呈北西—南东方向展布。研究区所在的青海省，由于受多期构造运动的作用，形成了大量断裂构造，且断裂均经历了多期活动；平面上断裂分布具有一定的规律，主体呈北西—南东向展布，且多数密集成带状。而大型的壳缘断裂和板缘断裂构成了研究区的基底断裂，如昆南断裂、昆中断裂、乌兰乌拉湖—玉树断裂、宗务山—青海湖南山断裂等，对盆地的形成和演化以及盆内的沉积建造等起着严格的控制作用（冯益民，1997；文怀军等，2011），是板块构造单元划分的重要依据。石炭纪以来，祁连山地区下降接受沉积，二叠纪末抬升，三叠纪以来再次下降，侏罗纪末抬升收敛。由于多期构造运动的作用，不均衡的沉降作用形成了一系列断陷盆地，多分布于山前或山间，且呈北西西向展布。

自燕山运动至喜马拉雅运动期间，研究区所在的祁连造山带进入了陆内断陷、盆地发育阶段，并且由于受后期构造影响而进一步被改造和破坏。燕山运动早期，研究区内受区域构造影响，以逆冲推覆作用为主。白垩纪—古近纪盆地继续发育并伴随断裂的拉伸、走滑，由断陷盆地发展为断坳盆地。燕山运动晚期至喜马拉雅运动早期，白垩系—古近系遭受轻微的褶皱，形成断裂，不少盆地因此缺失了上白垩统和古近系。中新生代盆地呈北西西向斜列，且隆起与断陷间隔排列。喜马拉雅运动晚期，受青藏高原陆内汇聚作用影响，研究区发生大幅度抬升、旋扭和逆冲错断，形成了现今的构造形态（张雪亭等，2007）。

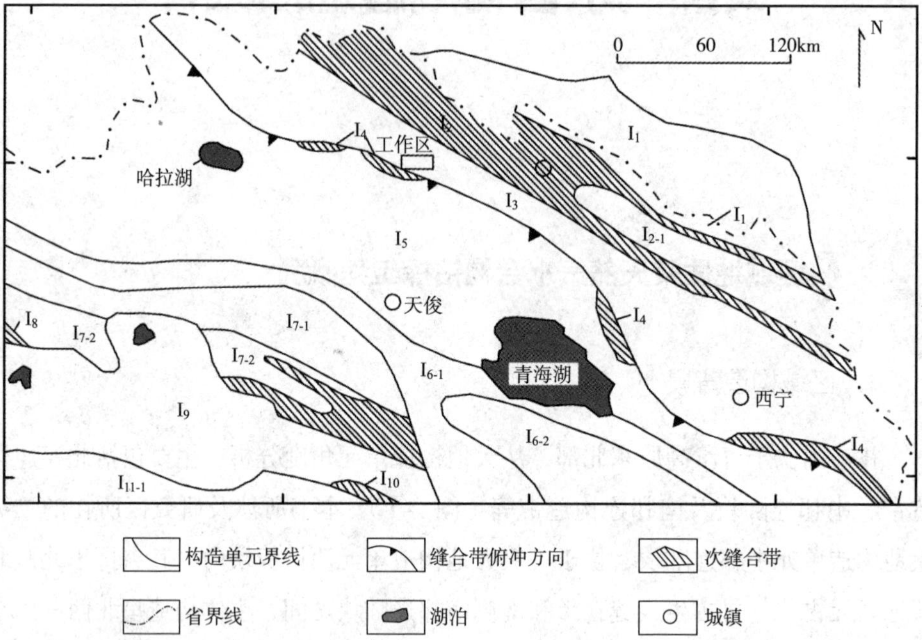

图1-1　祁连山天然气水合物钻探区大地构造简图（据卢振权等，2010）

I_1—阿拉善陆块；I_2—北祁连新元古代—早古生代缝合带；I_{2-1}—祁连—门源早古生代中晚期岩浆弧带（O–S）；I_3—中祁连陆块；I_4—疏勒南山—拉鸡山早古生代缝合带；I_5—南祁连陆块

早古生代期间，祁连山地区为介于柴达木地块和华北地块之间的一个小型洋盆；志留纪晚期的加里东运动使古洋盆封闭并开始隆升剥蚀；石炭纪时又开始下沉形成广阔的浅海陆棚沉积；二叠纪时发生南北差异升降，北祁连抬升成陆，而南祁连仍为浅海陆棚或陆表海环境；三叠纪时南祁连沉积了一套海相砂泥岩夹灰岩建造；晚三叠纪末，受印支运动影响，使古特提斯海洋完全封闭，整个祁连山抬升成陆，成为剥蚀区；早燕山运动使得祁连山地区局部拉伸，形成一些条带状的山间断陷盆地，并沉积了一套侏罗纪的山间河湖沼泽相含煤碎屑岩建造；白垩纪和第三纪以细粒红色碎屑岩、黏土岩为主；第四系在盆地内分布广泛，以冰水—洪积相和冰川堆积物为主（白海生，1993；符俊辉等，2000）。

祁连山侏罗纪小型含煤盆地众多，组成祁连山含煤盆地群，其中，疏勒河—

大通河谷地就分布有瓦乌寺盆地、雪霍立盆地、聚乎更盆地、木里盆地、江仓盆地、热水盆地等11个含煤盆地。这些含煤盆地均为北祁连深大断裂系在燕山期再度复活形成裂堑式断陷盆地的结果，呈北西—南东向呈狭长带状断续分布（白生海，1993）。木里煤田面积约650km^2，位于青海省东北部的大通河盆地，其构造单元属中祁连褶皱隆拗带的西段，包括聚乎更盆地、江仓盆地和热水盆地3个含煤盆地。其主体包括西部的聚乎更矿区、江仓矿区和东部的热水矿区以及外围的外力哈达矿区、海德尔矿区、默勒矿区等，是青海省最重要的煤炭基地（文怀军等，2006）。

2. 地层概况

祁连山天然气水合物钻探区地处青海省天峻县木里煤田聚乎更矿区的一井田和三露天井田内。聚乎更矿区揭露的地层自下而上依次为上三叠统、中侏罗统、上侏罗统和第四系（文怀军等，2006；祝有海等，2009）。上三叠统是矿区地层的基底，与上覆侏罗统呈平行不整合接触，出露的岩性主要为陆相碎屑岩和海相石灰岩薄夹层。中侏罗统包括江仓组（J_2j）和木里组（J_2m），其中J_2m可分为上、下岩性层段，下段岩性以中—粗粒碎屑岩为主，偶夹薄层炭质泥岩或薄煤层；上段是主力含煤层段，包括下$_1$和下$_2$煤两层主煤层，地层岩性主要为粉砂岩、细粒砂岩、细—中粒砂岩和粗粒砂岩。J_2j地层也可分为上、下岩性层段，其中，下段含煤为2~6层，地层岩性包括细粒砂岩、中粒砂岩及粉砂岩等；上段岩性以纸片状油页岩为主，夹粉砂岩和透镜状菱铁矿层（祝有海等，2009；卢振权等，2010）。上侏罗统岩性以砾岩为主，夹厚层粗砂岩。第四系在矿区内广泛出露，主要包括腐殖土、砂、砾石、泥沙、冰层、漂砾等。

3. 冻土环境概况

祁连山冻土区属青藏高原大区，阿尔金山—祁连山冻土亚区（吴吉春等，2007）。冻土面积约104km^2，以山地多年冻土为主，在山谷、山麓中也发育有中—深季节性冻土。该冻土区的冻土层厚度为8~139.3m。连续冻土区内的年平均地温为−2.4~−1.5℃，冻土层厚度为50~139m；岛状冻土区内的年平均地温为−1.5~0℃，冻土层厚度为几米、十几米至几十米不等（祝有海等，2010）。在高度和纬度共同作用下，多年冻土分布表现出明显的地带性分异。纬度升高，海拔亦升高，冻土岛之间的水平距离变小，逐渐过渡为片状冻土区（岛状融区），再进入连续多年冻土区。沿纬线方向看，多年冻土分布下界向东倾斜，即呈现出西高东低的格局。随经度增加，下界海拔降低，变化率为每度150m，连续冻土下界具有同样的变化率（吴吉春等，2007）。随着海拔的升高，地表地温将降低，冻土层厚度也将加大。一般来说，海拔每升高100m，地表地温将降低0.2~1.1℃，冻土层厚度将增加8~31.9m。祁连山中段主要分布连续冻土。

本书所涉及研究区属于多年冻土区，位于中祁连中部，是介于托来南山和大通山之间的一个山间盆地，海拔一般为4000~4300m，是祁连山冻土区的中心地区（祝有海等，2006），地势从东向西逐渐增高，两侧山区高山连绵，地势险峻，标高为3900~4700m，中间大通河谷地地势平缓，呈丘陵状，标高为3500~4000m（张凤鸣，1989）。河谷两侧发育有宽50~700m的一级冲积阶地，一级阶地两侧至山麓为冰积冰水堆积地形，以冰积冰水堆积的二级阶地为主，日干山等局部分布有冰积台地，基座上覆的为冰积泥砾层（曹伟等，2008）。除局部地段外，多年冻土连续分布，年平均地表地温最低为−2.4℃。根据野外测井资料（郭星旺，2011），DK1、DK2和DK3孔的简易测温结果显示，钻探区内的冻土层厚度约为95m。研究区冻土最大季节融化深度达4.5m，季节融化层地面年平均地温−1.2~3.6℃，季节融深空间主要受岩性和含水量的制约，在山前缓坡和二级阶地沼泽化地段最深，在残丘地段最浅。木里地区以发育长期稳定型的季节融化为主，仅平缓残山地段发育半过渡型的季节融化；其季节冻结属于半过渡型和长期稳定型的深季节冻结（周幼吾等，2000）。山区第四系覆盖层甚薄或缺失，谷地中多为冰硫—冰水堆积。外观上大小不一、形状不同的水坑散布在高低不平的草地上，形成多年冻土区特有的疙瘩草地外貌。区内气候高寒，年平均气温较低（木里盆地为−5.8℃），降水量很少，约400~500mm，多集中在5~10月。蒸发量>1000mm。大通河流经全区，主要支流有木里河、江仓河等，多为季节性河流，5~10月为畅流期，冬季冻结。支流上游干涸、河床露出，下游冰下往往有液态水存在，形成许多冰丘（祝有海等，2009）。

4. 天然气水合物钻探概况

2008~2009年，中国地质调查局组织中国地质科学院矿产资源研究所、勘探技术研究所、青海煤炭地质105勘探队等单位，在祁连山木里地区实施了“祁连山冻土区天然气水合物科学钻探工程”，在祁连山冻土区木里煤田共钻探8口科学钻探孔（图1-2），成功钻探获得天然气水合物实物样品，取得了找矿工作的重大突破。钻获天然气水合物实物样品的钻孔包括DK-1、DK-2、DK-3、DK-7、DK-8，而在DK-4、DK-5、DK-6钻孔中发现一些天然气水合物存在异常现象（祝有海等，2011）。2013~2015年，为了进一步研究祁连山冻土区天然气水合物的形成条件、控制因素及分布规律，神华集团联合中国地质调查局和青海煤炭地质105勘探队在祁连山冻土区补充实施了部分科学钻探孔，目前已在DKXX-19、DKXX-13、DKXX-11孔成功钻获天然气水合物实物样品，为该区开展相关研究工作奠定了基础。

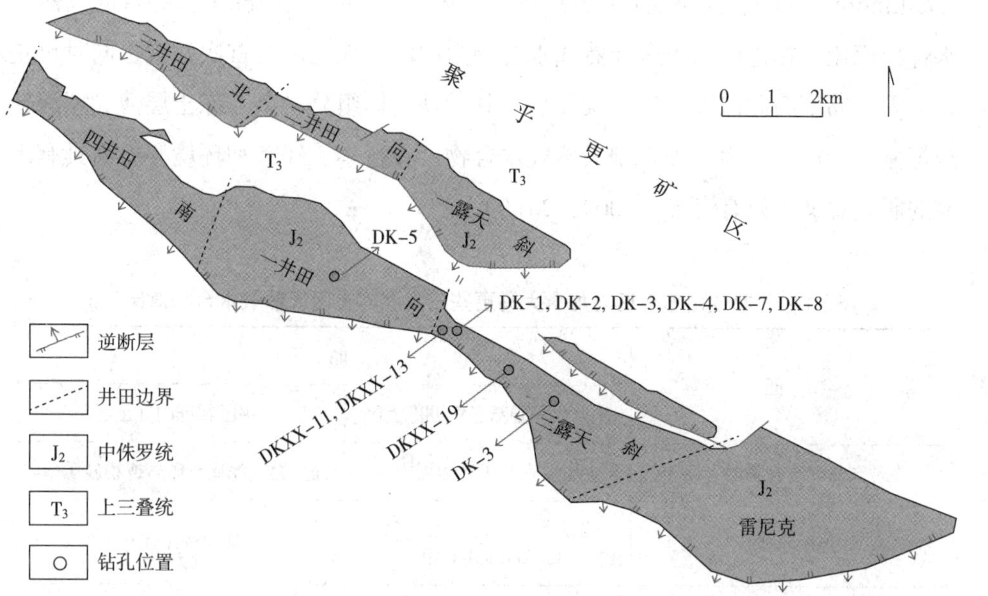

图1-2　祁连山冻土区天然气水合物科学钻探选区（据Zhu等，2010，有改动）

根据天然气水合物钻探资料可知，祁连山冻土区所钻获的天然气水合物实物样品均产于冻土层之下，埋藏深度为133~396m，层位上属于中侏罗统江仓组（祝有海等，2009；卢振权等，2010；祝有海等，2010）。由于祁连山冻土区地质构造复杂、断裂较发育、岩性变化大，且天然气水合物自身的赋存状态也较复杂，因此已发现天然气水合物的钻孔在天然气水合物赋存层位的横向对比上存在困难（Zhu等，2010；祝有海等，2010；卢振权等，2010）。钻探区发现的天然气水合物以两种方式存在：一种是以薄层状、片状、团块状充填于粉砂岩、泥岩和油页岩的裂缝中，肉眼可直接观测到，厚度仅数毫米；另一种是以浸染状充填于粉砂岩和砂岩的孔隙中，肉眼难以直接分辨，但通过红外热像仪可显示地温异常，同时含天然气水合物岩心分解时会不断渗出水珠，并且分解后在岩心上会残留蜂窝状构造。

在冻土层及发现天然气水合物地层属性方面，将祁连山冻土区与目前研究较为详细的加拿大马更些三角洲（Mackenzie Delta）进行对比（表1-1）可知，不同类型冻土区天然气水合物产出地层存在较大差异，祁连山冻土区发现的天然气水合物有其自身的特殊性，如冻土类型、冻土层厚度、冻土层岩性属性、天然气水合物赋存层位地层和沉积相、构造控制等，都不同于马更些三角洲冻土区（Dallimore，2005，2008；Haberer等，2006）。与国外极地冻土区钻获的天然气水合物相比，祁连山冻土区天然气水合物为中国在冻土区的首次发现，同时也是在世界中纬度高原冻土区的首次发现。其呈现气体组分复杂、冻土层薄、埋深较浅等显著特征，应为一种新型天然气水合物，在科学、经济和环境等方面具有重要的研究意义（祝有海等，2009，2011）。

表1-1　祁连山冻土区与加拿大马更些三角洲冻土区天然气水合物对比

特　征	地　区	
	加拿大马更新三角洲冻土区	中国祁连山冻土区
发现天然气水合物层岩性	主要存在于砂岩层中	油页岩、泥质粉砂岩或粉砂质砂岩
地层年代	渐新统（Kugmallit组和Mackenzie Bay组）	中侏罗统（江仓组）
沉积环境	海岸波浪改造与河流控制的三角洲沉积环境	湖泊为主，局部为三角洲沉积环境
冻土地层时代	极地永冻土	低纬高原冻土
冻土层岩性及厚度	砂岩、杂岩为主，部分为页岩；厚约640m	粉砂岩为主，局部为砂岩或泥质粉砂岩，夹厚煤层；厚约97m
冻土层中是否发现天然气水合物	否	否
是否发育煤层	发育褐煤	亮煤为主
是否有断层控制	暂不确定	是
气体成因	主要为热解成因	热解成因

第 2 节　天然气水合物成藏地质条件

1. 构造条件

祁连山木里煤田聚乎更矿区在地质上为一个断陷盆地（北祁连深大断裂体系在燕山期再度复活形成），在大地构造上处于中祁连构造单元和南祁连构造单元之间的拗陷区内（图 1–3）。聚乎更矿区是木里煤田的主体矿田之一，矿区的中部是一个三叠统地层组成的背斜，而南、北两侧是两个侏罗统含煤地层组成的向斜，且在这两个向斜内广泛发育规模较大的北东向剪切断裂构造，将矿区切割成断续的不同块段，使得在整体上显示南北分带、东西分区的地质特征（图 1–3）（曹代勇等，2012）。矿区由聚乎更Ⅰ～Ⅳ 4 个井田和Ⅰ～Ⅲ 3 个露天矿组成。由于南部大通山脉的强烈挤压作用，矿区总体呈复式向斜展布，即中部以三叠纪地层为核部的背斜夹持于南、北两个以侏罗世地层为核部的向斜之间。

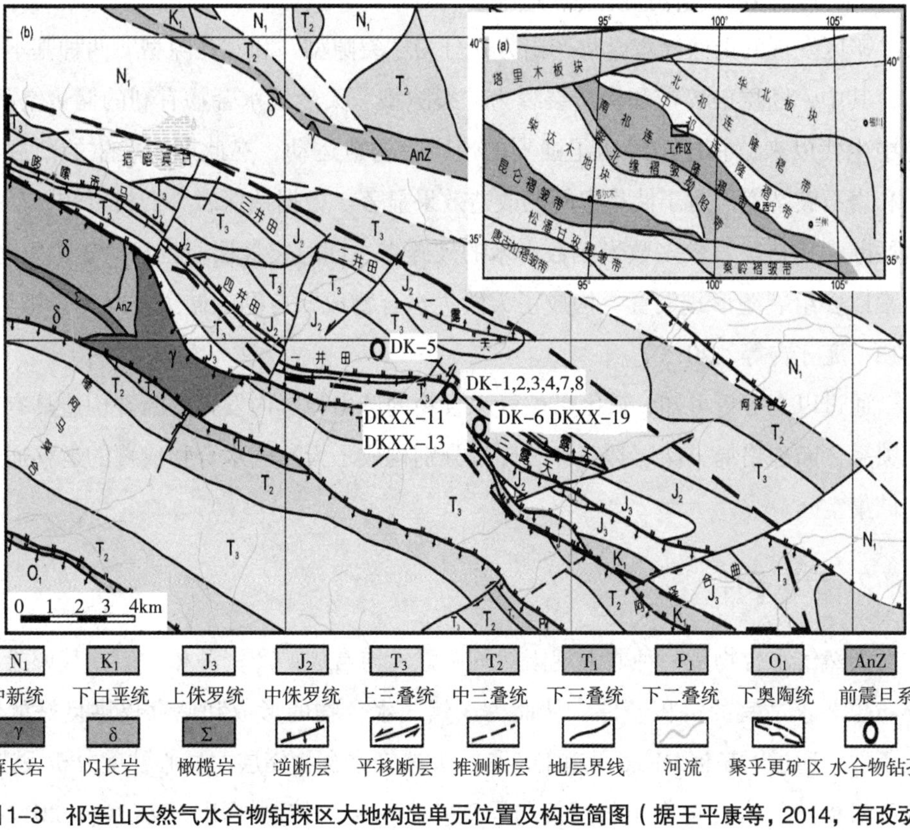

图 1–3　祁连山天然气水合物钻探区大地构造单元位置及构造简图（据王平康等，2014，有改动）

矿区内发育有北西西向的逆断层，控制了矿区的南部范围。区内北西、北东向同样比较发育，且多数具有平移性质特征。根据其发育程度又可分为两种，一种是横穿矿区规模较大、错断北西西向逆冲断层的同沉积正断层，这类断层多成为井田或煤矿区的划分边界；而另一种是规模较小、切割较浅的小型平移断层。向斜的南翼由于受到逆冲断裂带由南向北的挤压而发生地层陡立—倒转，其内的含煤软流层向核部流动，导致该翼含煤地层一般较薄，而且大型的逆冲断层比较发育，常切割含煤岩系，破坏了煤层的连续性。而在向斜的北翼，由于受区域应力的作用相对较弱，地层倾角较缓，一般为50°~60°。断裂构造对于烃类气体的运移和富集至关重要。木里煤田地层发育较多断裂构造，发育的大规模断层切割地层较深，使得多套烃源岩得以导通，从而致使中深部地层的各种油气极有可能沿断裂带运移到天然气水合物温压稳定带内的有利储集空间内富集成藏。目前，木里煤田聚乎更矿区发现并钻获的天然气水合物所在层位主要位于区内发育的主干断裂旁侧，受断裂构造的控制作用明显，在空间上具有沿断裂带发育的趋势（卢振权等，2010；李靖等，2013）。

矿区发现的天然气水合物产出方式分为“裂隙型”和“孔隙型”两种基本类型，其中，断层破碎带和构造裂缝为“裂隙型”天然气水合物有利的储集空间。晚中生代以来，祁连山经历了强烈的造山带构造运动，在此期间发生的断裂活动和岩石破裂变形对于储集空间的改造效果显著。根据钻探岩心资料可知，矿区地层断裂构造发育较多数米至数十米的破碎带，同时裂缝层段也相对较为发育，通常以多组裂缝形式发育，构成了天然气水合物成藏有利的储集空间（李靖等，2013；庞守吉等，2013）。

通过以上分析可知，矿区天然气水合物的产出与区内发育的断裂构造具有密切关系，断裂格局、储层裂缝和破碎带分别构成了天然气水合物成藏的运移通道和储集空间。

2. 沉积条件

天然气水合物是一种非常规天然气矿藏，与常规矿产资源相类似，其形成与分布也要求适宜的沉积条件，从而为天然气水合物的形成和储存提供良好的储集条件。通过对矿区DK-2孔和DK-3孔天然气水合物储层的岩心粒度分析发现，粒度对天然气水合物产出的层位与厚度存在一定的控制作用（庞守吉，2012）。

在天然气水合物赋存层段（130~400m），天然气水合物主要储存于岩性相对较粗的层段，尤其DK–2孔中部发现的天然气水合物厚层与孔隙储层密切相关。此外，DK–4孔、DK–5孔和DK–6孔显示的天然气水合物异常现象也和岩性较粗的层段密切相关。这表明，矿区较粗的地层岩性对于天然气水合物的形成和储存更加有利（庞守吉等，2012，2013）。

其次，结合岩石组合、沉积构造、粒度组合等沉积动力学对DK–2孔和DK–3孔的沉积相分析发现，DK–2孔和DK–3孔钻获的天然气水合物多位于J_2j上段地层，该段地层沉积环境主要为湖泊相，而对于DK–4孔和DK–6孔，J_2j上段地层多处于冻土层内，所处的温压条件有可能不利于储存天然气水合物，据此推断，矿区J_2j地层对于天然气水合物的产出存在一定的岩相控制作用（庞守吉等，2011，2013）。

通过以上分析可知，不论是通过钻获的天然气水合物还是天然气水合物异常现象均可知，矿区岩性相对较粗的地层对于天然气水合物的形成和储存更为有利，同时，J_2j地层也可能对天然气水合物的产出有一定的控制作用。

3. 气源条件

目前，祁连山冻土区天然气水合物钻孔钻获的天然气水合物均产出于中侏罗统的J_2j和J_2m，图1–4中显示的DK–1~DK–4孔钻获的天然气水合物位于J_2j地层，而在J_2j和J_2m地层均发现了天然气水合物异常现象。上述4个钻孔地层油页岩非常发育，最厚可达百米，部分岩心直接显示有油气显示现象（如油斑、油浸、油染等），这些油气显示现象所代表的原油成分大多为中质油，此外还含重质油、超重油，甚至有沥青特征（祝有海等，2009；黄霞等，2011；卢振权等，2013）。同时，上述各种油气显示现象与各钻孔内天然气水合物的产出密切伴生，表明矿区天然气水合物成藏所需的气源可能和油气显示现象相关（卢振权等，2013）。

2013年，卢振权等进一步通过对DK–2孔天然气水合物实物样品的相关气体组成与同位素特征进行分析，推断矿区天然气水合物成藏所需的气源可能主要来自深部石油（原油）伴生气或深部气源岩层的成熟—过成熟气。曹代勇等通过分析木里煤田多年冻土区天然气水合物的形成条件提出，矿区天然气水合物成藏所需的气源主要为煤层和煤系分散有机质热演化过程中形成的烃类气体。因此，矿区天然气水合物成藏所需的气源到底和煤层有关，还是和油页岩有关，抑或和油气显示现象有关？这需要在后续研究中继续深入分析。

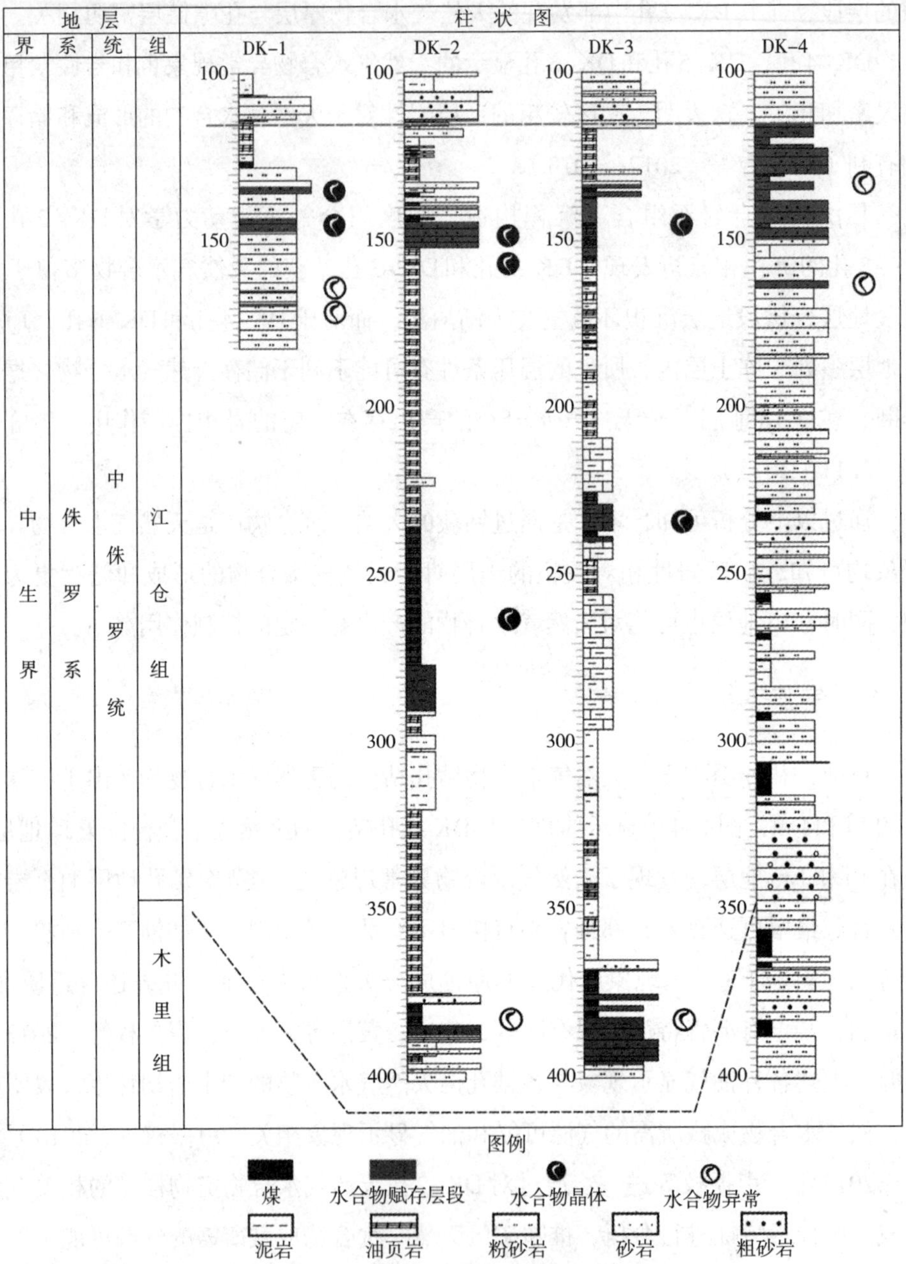

图1-4 祁连山冻土区天然气水合物钻探孔地层柱状对比图（据Lu等，2011，有改动）

通过以上分析可知，矿区天然气水合物具有明显的深部热解气特征，而非浅部微生物气，天然气水合物成藏所需的气源可能主要与深部油型气、煤层煤型气以及油气显示现象相关。

第2章

天然气水合物 AMT 数值模拟

相比于可控源音频大地电磁测深方法（CSAMT），由于AMT方法以天然电磁场信号为场源，不存在场源发射问题，装备相对轻便且易于操作，野外勘探成本也相对较低，因此，在祁连山冻土区选择AMT方法开展大面积天然气水合物勘探是高效、经济的。为了给研究区AMT野外数据采集、实测数据的资料处理与解释提供相关技术支持，本章首先利用阿尔奇公式和祁连山冻土区天然气水合物科学钻探孔的电测井资料分析了天然气水合物地层的电性特征，接着采用FEM分析了不同天然气水合物储层的AMT正演响应特征，最后利用NLCG算法分析了采集参数对天然气水合物储层AMT反演结果的影响。

第1节 AMT工作方法及数值模拟理论

1. AMT工作方法

AMT方法是利用天然电磁场信号为场源来研究地下介质电性结构的一种地球物理勘探方法。当天然电磁场入射大地时，在地下以平面波的形式传播，地面电磁场的观测值由于电磁感应的作用，会包含地下介质的电阻率分布信息。在地面上观测天然电磁场的时间序列信号，然后将时间序列数据转化为频率域数据，进而计算出每个频点的电阻率和相位阻抗，由于不同频率的电磁场信号具有不同穿透深度，再通过相关的反演方法就能够反演得到地下电阻率在不同深度的变化信息。

在野外开展AMT数据采集工作时，为了能够克服和消除地表局部电性不均匀及共模干扰的影响，测量电极一般采用“+”字形布设方式（图2–1）。电极共布设4个，每两个电极组成一个电偶极子，其中，与测线方向相一致的电偶极子称为X-Dipole，而与测线方向垂直的电偶极子称为Y-Dipole。磁棒共布设两个，分别沿垂直和平行于测线的方向布设，并使两磁棒保持相互垂直，水平放置于地下，并用土埋实。

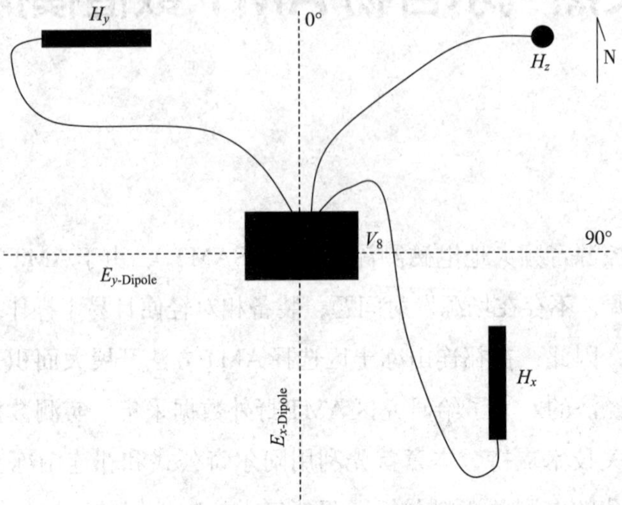

图2-1　AMT野外数据采集装置布设示意图

AMT测量方式分为单点测深和连续剖面测深。其中，单点测深方式是在测量点上记录两个相互垂直的水平电场和磁场的数据，主要用于测点之间电阻率变化不剧烈的区域；连续剖面测深是沿着垂直于构造走向的剖面上，连续进行类似单点测量，能够提供地层垂向和侧向电阻率的分布信息，主要用于测量电阻率沿侧向有变化的区域。由于实际地下岩石大多为非均匀介质，所以一般多采用连续剖面测深的方式进行数据采集。

2. AMT数值模拟理论

AMT数值模拟包括两部分内容，分别为正演和反演。虽然目前三维大地电磁正、反演是国内外的研究热点和突破点，但仍然处于算法研究和试验阶段，离实际应用还存在一定差距。当前，AMT实测数据的处理常用一维、二维反演，且祁连山冻土区天然气水合物勘探开展的为二维AMT数据采集工作，基于以上分析，本章利用FEM和NLCG算法开展相关二维AMT数值模拟工作，以下将分别介绍基于这两种算法的AMT数值模拟理论。

1）基于FEM的正演数值模拟

根据麦克斯韦方程，角频率为ω（时间因子为$e^{-i\omega t}$）的定态电磁场方程为（徐世浙，1994）：

$$\nabla \cdot E = i\omega\mu H \tag{2-1}$$

$$\nabla \cdot H = (\sigma - i\omega\varepsilon)E \tag{2-2}$$

式中，E为电场强度，V/m；H为磁场强度，A/m；ω、μ、σ、ε分别为角频率、磁导率、电导率、介电常数。

假设地下是二维的电性结构，取x、y轴是水平的，z轴垂直向下，x轴方向平行构造走向（图2-2）。以任意角度入射到地面的平面电磁波，总会以平面波的形式，几乎垂直地向地下介质传播。此时，麦克斯韦方程可以分解成两组独立的场，分为TE极化模式（E_x、H_y、H_z）和TM极化模式（E_x、H_y、H_z）。将式（2-1）和式（2-2）按分量展开，考虑到$\partial/\partial x = 0$，并以x分量为准，便可以得到TE极化模式和TM极化模式的两个独立方程组（Wannamaker等，1987；陈乐寿等，1989）。

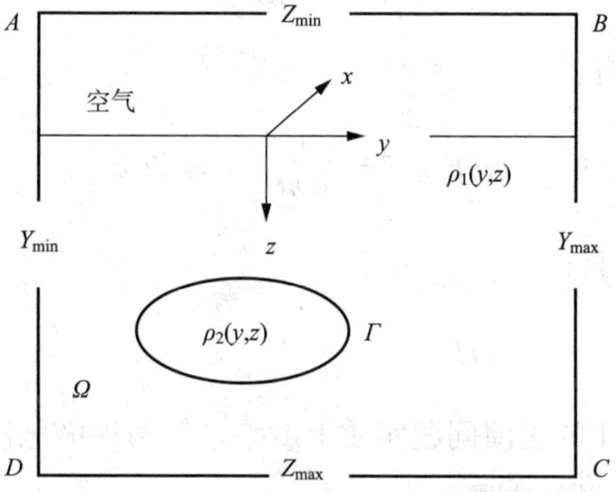

图2-2　AMT坐标系及场边界示意图

TE极化模式：

$$\begin{cases} \dfrac{\partial H_z}{\partial y} - \dfrac{\partial H_y}{\partial z} = (\sigma - i\omega\varepsilon)E_x \\ H_y = \dfrac{1}{i\omega\mu}\dfrac{\partial E_x}{\partial z} \\ H_z = -\dfrac{1}{i\omega\mu}\dfrac{\partial E_x}{\partial y} \end{cases} \tag{2-3}$$

TM极化模式：

$$\begin{cases} \dfrac{\partial E_z}{\partial y} - \dfrac{\partial E_y}{\partial z} = i\omega\mu H_x \\ E_y = \dfrac{1}{\sigma - i\omega\varepsilon}\dfrac{\partial H_x}{\partial z} \\ E_z = -\dfrac{1}{\sigma - i\omega\varepsilon}\dfrac{\partial H_x}{\partial y} \end{cases} \tag{2-4}$$

从式（2–3）和式（2–4）中求解出H_y、H_z、E_y、E_z，分别代入式（2–1）和式（2–2），得到E_x、H_x的偏微分方程为：

$$\frac{\partial}{\partial y}\left(\frac{1}{i\omega\mu}\frac{\partial E_x}{\partial y}\right) + \frac{\partial}{\partial z}\left(\frac{1}{i\omega\mu}\frac{\partial E_x}{\partial z}\right) + (\sigma - i\omega\varepsilon)E_x = 0 \tag{2-5}$$

$$\frac{\partial}{\partial y}\left(\frac{1}{\sigma - i\omega\varepsilon}\frac{\partial H_x}{\partial y}\right) + \frac{\partial}{\partial z}\left(\frac{1}{\sigma - i\omega\varepsilon}\frac{\partial H_x}{\partial z}\right) + i\omega\mu H_x = 0 \tag{2-6}$$

式（2–5）和式（2–6）可以统一表示为：

$$\nabla(\tau\nabla u) + \lambda u = 0 \tag{2-7}$$

对于TE模式，有：

$$u=E_x,\quad \tau = \frac{1}{i\omega\mu},\quad \lambda=\sigma-i\omega\varepsilon \tag{2-8}$$

对于TM模式，有：

$$u=H_x,\quad \tau = \frac{1}{\sigma - i\omega\varepsilon},\quad \lambda=i\omega\mu \tag{2-9}$$

综上所述，AMT的正演问题实质上就是求解两种极化模式下的标量微分方程，且需考虑正演问题的边界条件。

本章中取正演模拟区域为矩形（图2–2），可将平面电磁波视为从上边界上垂直入射到地表以下半空间中，且沿x、y方向没有变化。为了求解式（2–7），需考虑相应的内、外边界条件。

（1）内边界条件（陈乐寿、王光鄂，1990；徐世浙，1994）。

TE极化模式和TM极化模式的内边界条件相同，表述如下：

①由于E_x沿着介质分界面，由电场分量在两种介质的连续性得：

$$u_1=u_2 \tag{2-10}$$

②由两种介质分界面上磁场或电场切向分量的连续性，可知介质两侧的 $\frac{1}{i\omega\varepsilon}\frac{\partial E_x}{\partial n}$ 是连续的，即：

$$\tau_1\frac{\partial u_1}{\partial n}=\tau_2\frac{\partial u_2}{\partial n} \tag{2-11}$$

（2）外边界条件（陈乐寿、王光鄂，1990；徐世浙，1994）。

TE、TM极化模式的外边界条件在上边界 AB 存在差异，而下边界 CD、左边界 AD 和右边界 BC 相同，具体表述如下：

①TE极化模式的 AB 界面离地面足够远，使得异常场在 AB 界面上为0，将此处的 u 设为1；而TM极化模式的 AB 界面直接取在地面上，并同样将此处的 u 设为1，即：

$$u|_{AB}=1 \tag{2-12}$$

②CD 界面以下为一维介质或均匀半空间，使得异常场在 CD 界面上为0，故电磁波在此界面以下的传播方程为：

$$u=u_0\mathrm{e}^{ky} \tag{2-13}$$

式中，u_0 为初始电磁波强度，为一常数；$k=\sqrt{-i\omega\mu\sigma}$，$\sigma$ 是 CD 界面以下地层的电导率。

对 u 求偏导，得 $\frac{\partial u}{\partial y}=ku$，而在 CD 边界上，$\partial/\partial y=-\partial/\partial n$，故 CD 界面满足如下边界条件：

$$\frac{\partial u}{\partial n}+ku=0 \tag{2-14}$$

③取 AD、BC 界面足够远离局部不均匀体，使得电磁场 z 方向可以近似与一维或均匀半空间介质时相同，可以认为不均匀体产生的二次场在侧边界处已经衰减到可以忽略不计，故在 AD、BC 界面应满足的边界条件为：

$$\frac{\partial u}{\partial n}=0 \tag{2-15}$$

综上所述，式（2-7）、式（2-10）、式（2-11）、式（2-12）、式（2-14）、式（2-15）组成了AMT正演模拟的数学物理模型的边值问题。为了求解上述边值问题，可以构造泛函，使之转换等价于相应的变分问题（曾国，2008）：

$$\begin{cases} F(u)=\int_{\Omega}\left[\frac{1}{2}\tau(\nabla u)^2-\frac{1}{2}\lambda u^2\right]\mathrm{d}\Omega+\int_{CD}\frac{1}{2}\tau k u^2\mathrm{d}\Gamma \\ u|_{AB}=1 \\ \delta F(u)=0 \end{cases} \tag{2-16}$$

针对上述变分问题，本章采用矩形网格剖分、双线性插值的方式进行求解，剖分方式和单元节点编号如图2–3所示。图中每个单元e的电阻率赋值$\rho=1/\sigma$，宽度为a，高度为b，单元e的4个角点为节点。

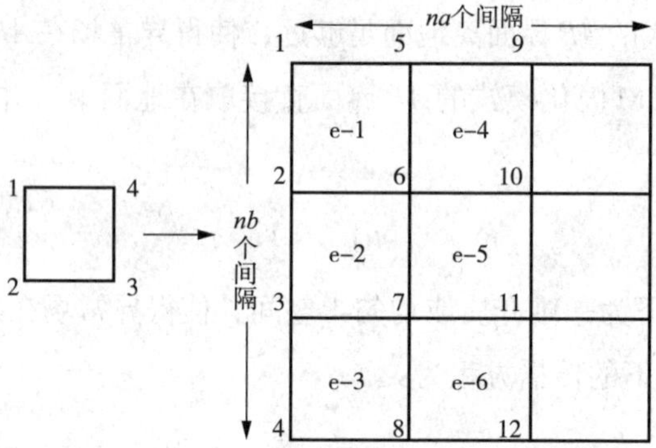

图2–3　网格剖分的单元节点与总体节点排列顺序

式（2–16）中的区域积分利用矩形单元剖分之后，能够转化成各单位积分之和，即：

$$\begin{aligned} F(u) &= \sum_{\Omega}\int_{e}\frac{1}{2}\tau(\nabla u)^2\mathrm{d}\Omega-\sum_{\Omega}\int_{e}\frac{1}{2}\lambda u^2\mathrm{d}\Omega+\sum_{CD}\int\frac{1}{2}\tau k u^2\mathrm{d}\Gamma \\ &= \frac{1}{2}\overline{u^T}\sum_{\Omega}\overline{\boldsymbol{K}_{1e}}\overline{u}-\frac{1}{2}\overline{u^T}\sum_{\Omega}\overline{\boldsymbol{K}_{2e}}\overline{u}+\frac{1}{2}\overline{u^T}\sum_{CD}\overline{\boldsymbol{K}_{3e}}\overline{u} \\ &= \frac{1}{2}\overline{u^T}(\sum_{\Omega}\overline{\boldsymbol{K}_{1e}}-\sum_{\Omega}\overline{\boldsymbol{K}_{2e}}+\sum_{CD}\overline{\boldsymbol{K}_{3e}})\overline{u}=\frac{1}{2}\overline{u^T}\boldsymbol{K}\overline{u} \end{aligned} \tag{2-17}$$

式中，$\boldsymbol{K}=\sum_{\Omega}\overline{\boldsymbol{K}_{1e}}-\sum_{\Omega}\overline{\boldsymbol{K}_{2e}}+\sum_{CD}\overline{\boldsymbol{K}_{3e}}$，其中$\overline{\boldsymbol{K}_{1e}}$、$\overline{\boldsymbol{K}_{2e}}$、$\overline{\boldsymbol{K}_{3e}}$是由在各单位中利用双线性插值法构造出的系数矩阵，再分别扩展为全部节点组成的矩阵。

$\overline{\boldsymbol{K}_{1e}}$、$\overline{\boldsymbol{K}_{2e}}$、$\overline{\boldsymbol{K}_{3e}}$分别为：

$$\overline{\boldsymbol{K}_{1e}}=\frac{\tau}{6}\frac{b}{a}\begin{bmatrix} 2 & & & \\ 1 & 2 & & \\ -1 & -2 & 2 & \\ -2 & -1 & 1 & 2 \end{bmatrix}+\frac{\tau}{6}\frac{a}{b}\begin{bmatrix} 2 & & & \\ -2 & 2 & & \\ -1 & 1 & 2 & \\ 1 & -1 & -2 & 2 \end{bmatrix} \tag{2-18}$$

$$\overline{\boldsymbol{K}_{2e}} = \frac{ab\lambda}{36}\begin{bmatrix} 4 & & & \\ 2 & 4 & & \\ 1 & 2 & 4 & \\ 2 & 1 & 2 & 4 \end{bmatrix} \tag{2-19}$$

$$\overline{\boldsymbol{K}_{3e}} = \frac{\tau kb}{6}\begin{bmatrix} 2 & & & \\ 1 & 2 & & \\ 0 & 0 & 0 & \\ 0 & 0 & 0 & 0 \end{bmatrix} \tag{2-20}$$

对式（2–17）求变分，得：

$$\delta F(u) = \delta u^T \boldsymbol{K} u = 0 \tag{2-21}$$

由于δu的任意性，式（2–21）可以转换为线性方程：

$$\boldsymbol{K}u=0 \tag{2-22}$$

求解线性代数方程前，将AB边界上的边界值代入，解线性代数方程组得各节点的u值，即得在TE极化模式下的E_x和TM极化模式下的H_x。

根据视电阻率的定义式，分别得到TE、TM极化模式的计算公式：

$$\rho_{TE} = \frac{i}{\omega\mu}\left(\frac{E_x}{H_y}\right)^2\bigg|_{y=0} \tag{2-23}$$

$$\rho_{TM} = \frac{i}{\omega\mu}\left(\frac{E_y}{H_x}\right)^2\bigg|_{y=0} \tag{2-24}$$

将式（2–3）中第二项代入式（2–23）中，取$u=E_x$，得：

$$\rho_{TE} = -i\omega\mu\left(u\bigg/\frac{\partial u}{\partial y}\right)^2\bigg|_{y=0} \tag{2-25}$$

将式（2–4）中第二项代入式（2–24），取$u=H_x$，得：

$$\rho_{TM} = \frac{i}{\omega\mu\sigma^2}\left(\frac{\partial u}{\partial y}\bigg/u\right)^2\bigg|_{y=0} \tag{2-26}$$

通过式（2–25）和式（2–26）就可分别计算得到两种极化模式下的视电阻率，进而可以直观地反映地下介质的电性分布情况。

2）基于NLCG算法的反演数值模拟

对于AMT反演而言，非线性最优化问题一般可表示为：

$$\boldsymbol{d} = F(m)+\boldsymbol{e} \tag{2-27}$$

式中，$\boldsymbol{d}=[d^1 d^2 \cdots d^N]^{\mathrm{T}}$，为数据矢量；$d^i$为某一频点TE或TM模式的视电阻率或相位；$\boldsymbol{m}=[m^1 m^2 \cdots m^M]^{\mathrm{T}}$，为模型矢量；$\boldsymbol{e}$为残差矢量；$F$为正演模拟响应函数。

对于非约束最优化数值模拟问题，定义ψ（Tikhonov等，1977；Rodi和Mackie，2001）：

$$\psi(m)=[\boldsymbol{d}-F(m)]^{\mathrm{T}}\boldsymbol{V}^{-1}[\boldsymbol{d}-F(m)]+\lambda m^{\mathrm{T}}L^{\mathrm{T}}Lm \tag{2-28}$$

式中，正则化因子λ为一正数；正定矩阵$\boldsymbol{V}$与残差矢量$\boldsymbol{e}$之间是一个协方差的关系；L为一个二阶差分算子；当模型网格固定时，Lm近似为$\lg\rho$的∇^2算子；$\lambda m^{\mathrm{T}}L^{\mathrm{T}}Lm$表示模型空间上的稳定因子。

定义目标函数的梯度为g（$1\times M$），海塞矩阵为$\boldsymbol{H}$（$\boldsymbol{H}\times M$）。令$\boldsymbol{A}$为正演响应函数F的雅可比矩阵，得：

$$\boldsymbol{A}^{ij}(m)=\partial_j F^i(m),\ i=1,\cdots,N;\ j=1,\cdots,M \tag{2-29}$$

将式（2–29）代入式（2–28）得：

$$g(m)=-2\boldsymbol{A}(m)^{\mathrm{T}}\boldsymbol{V}^{-1}[\boldsymbol{d}-F(m)]+2\lambda L^{\mathrm{T}}Lm \tag{2-30}$$

$$H(m)=2\boldsymbol{A}(m)^{\mathrm{T}}\boldsymbol{V}^{-1}\boldsymbol{A}(m)+2\lambda L^{\mathrm{T}}L-2\sum_{i=1}^{N}q^i\boldsymbol{B}_i(m) \tag{2-31}$$

式中，$\boldsymbol{B}_i$为F^i的海塞矩阵；$q=V^{-1}[d-F(m)]$；$\boldsymbol{A}(m)^{\mathrm{T}}\boldsymbol{V}^{-1}[\boldsymbol{d}-F(m)]$和$\boldsymbol{A}(m)^{\mathrm{T}}\boldsymbol{V}^{-1}\boldsymbol{A}(m)$避免了雅可比矩阵$\boldsymbol{A}$的计算，可以直接求得。

为了使用NLCG算法直接解决最优化问题，本章采用Polak–ribiere的NLCG算法来求解式（2–28）的极小值问题，其计算寻优步骤如下：

$$\begin{gathered}m_0=m_{\text{given}}\\ \psi(m_k+\alpha_k p_k)=\min\psi(m_k+\alpha p_k)\\ m_{k+1}=m_k+\alpha_k p_k,\ k=0,1,2,\cdots\\ \alpha_{k,j+1}=\alpha_{k,j}-\frac{g_{k,j}{}^{\mathrm{T}}p_k}{p_k{}^{\mathrm{T}}\widetilde{H}_{k,j}p_k}\end{gathered} \tag{2-32}$$

式中，m_{given}为给定的一个已知初始模型的向量序列，然后沿搜索方向p_k计算搜索步长α_k来每次迭代极小化的目标函数。

其中，搜索方向迭代如下：

$$\begin{gathered}p_0=-C_0 g_0\\ p_k=-C_k g_k+\beta_k p_{k-1},\ k=1,2,\cdots\end{gathered} \tag{2-33}$$

式中，g_k为ψ在$m=m_k$处的梯度；C_k为预条件因子；β_k为共轭方向向量的加权因子。

β_k存在多个表述形式，不同的β_k表述形式代表着不同的共轭梯度算法，本章选用PRP（Polak-Ribiere-Polyak）的算法计算β_k：

$$\beta_k=\frac{{g_k}^T C_k(g_k-g_{k-1})}{{g_{k-1}}^T C_{k-1} g_{k-1}} \tag{2-34}$$

搜索方向不需要与某些固定矩阵共轭，但要求满足以下条件：

$$p_k^{\mathrm{T}}(g_k-g_{k-1})=0,\ k>0 \tag{2-35}$$

最后，利用高斯—牛顿迭代法求解，并且采用三次差值计算$\alpha_{k,\,j+1}$。按照这样的次级迭代方式计算得到最佳α值，然后返回到最小化泛函的迭代求解中，开始下一次求解模型改变量的计算，一旦满足迭代终止条件或达到设置的终止迭代次数，便可以求解得到最佳拟合模型。

第2节　地层电性关系

1. 电阻率计算模型

为了开展祁连山冻土区天然气水合物AMT数值模拟工作，需根据研究区天然气水合物的实际赋存地质条件，设置合理的天然气水合物储层电阻率，建立较真实的地电模型来模拟研究区地层电性的变化规律。天然气水合物储层影响电性变化的物性参数主要包括孔隙度、天然气水合物饱和度，而测井储层评价中经常用到的阿尔奇公式正是连接地层孔隙度、含水饱和度、电阻率三者的纽带，因此可以将阿尔奇公式引入到天然气水合物储层评价中，其数学关系式为：

$$R_{\mathrm{t}}=\frac{aR_{\mathrm{w}}}{\phi^m S_{\mathrm{w}}^n} \tag{2-36}$$

式中，R_{t}为实际地层电阻率，Ω·m；R_{w}为地层水电阻率，Ω·m；ϕ为地层孔隙度，%；S_{w}为地层孔隙中含水饱和度，%；a、m、n为经验指数，根据实际地层情况选取，其中，$1<m<3$，$0.5<a<2.5$。

根据前人对陆域冻土区天然气水合物开展的相关储层评价工作（Lee、Collett，2011；郭星旺，2011），选取$R_{\mathrm{w}}=2\,\Omega\cdot\mathrm{m}$，$n=1.9386$，$a=0.51$，$m=1.32$，则上式可转换为：

$$R_t = \frac{1.02}{\phi^{1.32}(1 - S_h)^{1.9386}} \tag{2-37}$$

由上式可知，天然气水合物储层R_t是ϕ和S_h（天然气水合物饱和度）的函数，在此定义为研究区天然气水合物储层电阻率计算模型。据此，可根据研究区天然气水合物储层ϕ、S_h的实际变化情况，计算得到相应的储层电性参数。

2. 地电模型

AMT方法的适用条件是目标地质体与围岩地层存在一定的电阻率差异，凭借AMT较宽的频率段范围能够反映地下不同深度的地层电性信息，进而利用相关反演技术分析得出目标地质体的相关地质信息。为此，开展祁连山冻土区天然气水合物AMT数值模拟工作，首先需要确定天然气水合物储层与围岩地层的电性关系。由于天然气水合物样品的保存对温度、压力的要求非常苛刻，一旦脱离赋存所需的温压环境，则极易分解，因而会给通过样品测试了解其电性特征带来困难。由于测井具有原位测量的优势，因此利用测井曲线来分析天然气水合物储层与围岩地层的电性特征是非常直观、有效的。为此，可利用祁连山冻土区已钻获天然气水合物实物样品的DK-1孔、DK-3孔的测井资料来分析研究区的地层电性特征（图2-4）。

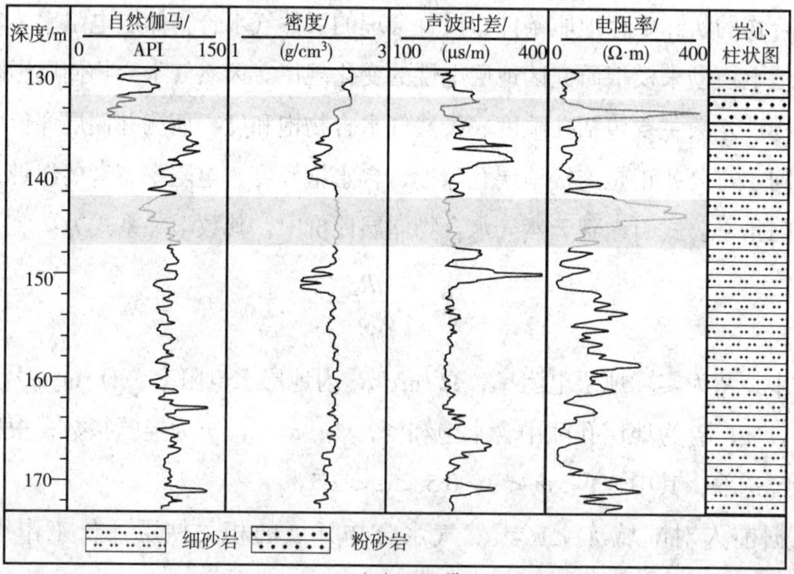

（a）DK-1孔

图2-4 祁连山冻土区天然气水合物科学钻探孔常规测井资料（据郭星旺，2011，有改动）

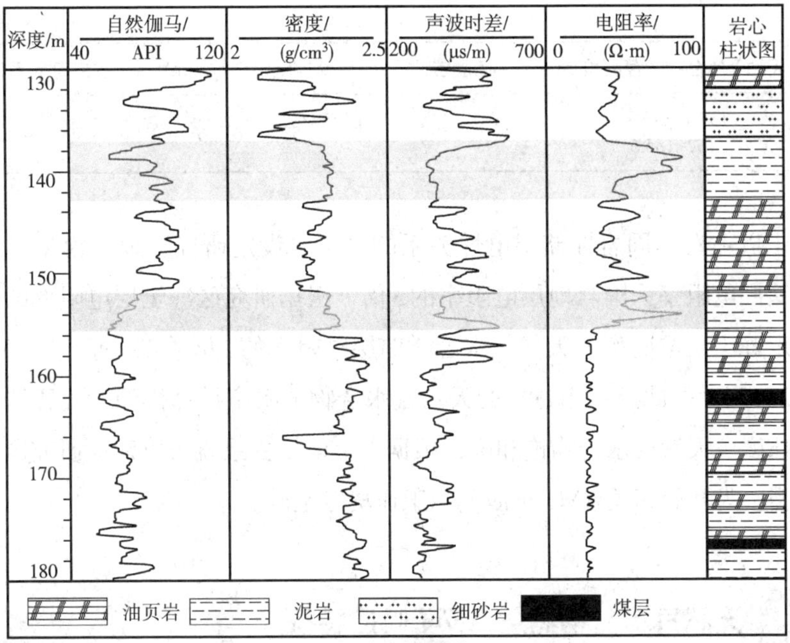

（b）DK–3孔

图2–4　祁连山冻土区天然气水合物科学钻探孔常规测井资料（据郭星旺，2011，有改动）（续）

对于天然气水合物赋存层段，常规测井曲线通常显示高电阻率、高声波速度的响应特征（Carcione、Gei，2004；Lee、Collett，2011）。从图2–4中可知，DK–1孔、DK–3孔天然气水合物赋存层段，其电阻率明显高于围岩地层，表现出显著的高阻特征，且随着赋存层段厚度的增加，相对应的高电阻率异常更加明显。DK–1孔、DK–3孔共识别出4处天然气水合物赋存层段，对这4层天然气水合物的电阻率值按不同岩性进行了统计（表2–1），从表2–1中可知：DK–1孔天然气水合物储层岩性为细砂岩、粉砂岩，天然气水合物赋存层段电阻率最高值的平均值是围岩地层电阻率最高值的平均值的2.97倍；DK–3孔天然气水合物储层岩性为泥岩，天然气水合物赋存层段电阻率最高值是围岩地层电阻率最高值的2.96倍。

表 2–1　天然气水合物储层电阻率统计

钻孔	天然气水合物赋存层段/m	储层岩性	储层电阻率/(Ω·m)	围岩电阻率/(Ω·m)
DK–1	133.5~135.5	细砂岩	113.97~378.41	50.99~98.1
	142.9~147.7	粉砂岩	287.85~349.92	37.7~168.32

续表

钻孔	天然气水合物赋存层段/m	储层岩性	储层电阻率/(Ω·m)	围岩电阻率/(Ω·m)
DK-3	137.4~143.3， 152~155.5	泥岩	52.95~83.36	25.12~28.13

基于以上对不同岩性储层电性关系的分析，设定研究区地电模型中天然气水合物储层电阻率为围岩地层电阻率的3倍。根据研究区冻土层电阻率的变化特征，设定冻土层电阻率为天然气水合物储层电阻率的2倍（Zhu等，2010；林振洲等，2013）。据此，利用建立的天然气水合物电阻率计算模型，设置储层为不同的孔隙度、天然气水合物饱和度，根据以上电性关系就可以建立研究区不同的地电模型，为开展相关AMT正演模拟工作奠定基础。

第3节 天然气水合物储层AMT响应特征

祁连山冻土区天然气水合物赋存状态的差异，对该地区开展AMT勘探造成了一定的影响。为了给研究区AMT野外实测数据的处理与解释提供相关的技术支持，有必要开展不同天然气水合物储层AMT正演响应特征数值模拟研究。本小节的内容通过建立天然气水合物层状地层模型和高阻异常体模型，利用有限单元法正演模拟得到相应模型的AMT响应特征，通过对比分析不同天然气水合物储层响应特征的差异，进而总结出研究区有利于AMT方法勘探的天然气水合物储层。

1. 天然气水合物层状地层模型响应特征

当祁连山冻土区天然气水合物赋存状态呈横向连续分布时，天然气水合物储层可以近似为水平均匀层状模型，其地电模型参数为：第一层为地表冻土层，电阻率为2ρ，厚度为100m；第二层为上覆围岩层，电阻率为$1/3\rho$，厚度为100m；第三层为天然气水合物储层，电阻率为ρ，厚度为200m；第四层为下伏围岩层，电阻率为$1/3\rho$，厚度为600m（图2-5）。

祁连山冻土区已钻获天然气水合物样品的地层孔隙度变化范围主要为5%~20%，天然气水合物饱和度变化范围主要为30%~80%（郭星旺、祝有海，2011；林振洲等，2013），基于此选取天然气水合物储层孔隙度为10%，天然气

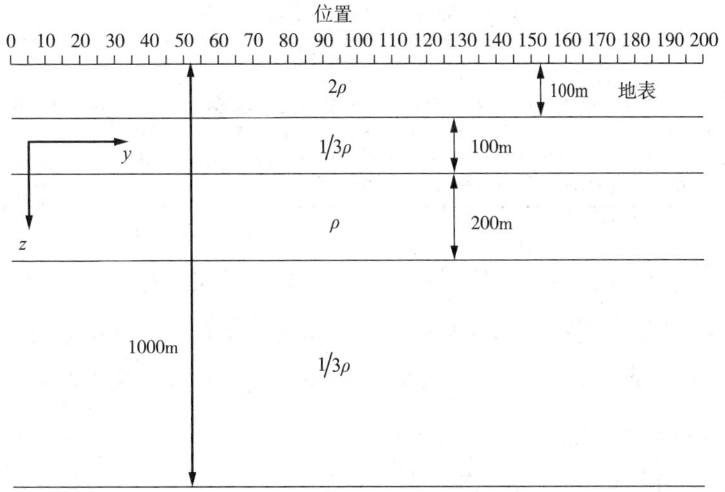

图2-5　天然气水合物层状地层地电模型

水合物饱和度为30%、80%，利用电阻率模型计算得到天然气水合物层状模型的电阻率ρ值为43Ω·m、483Ω·m。祁连山冻土区已钻获的天然气水合物具有埋藏深度较浅、电性高阻异常的特征（祝有海等，2009；卢振权等，2010；祝有海等，2011），加之地表冻土层呈高电阻率覆盖，故正演模拟参数设置为：频率范围为0.1~10000Hz，具体频率见表2-2，剖面测线长度为5km，测点间距25m。利用AMT有限元程序正演模拟可得到相应天然气水合物层状模型的视电阻率断面图（图2-6）。

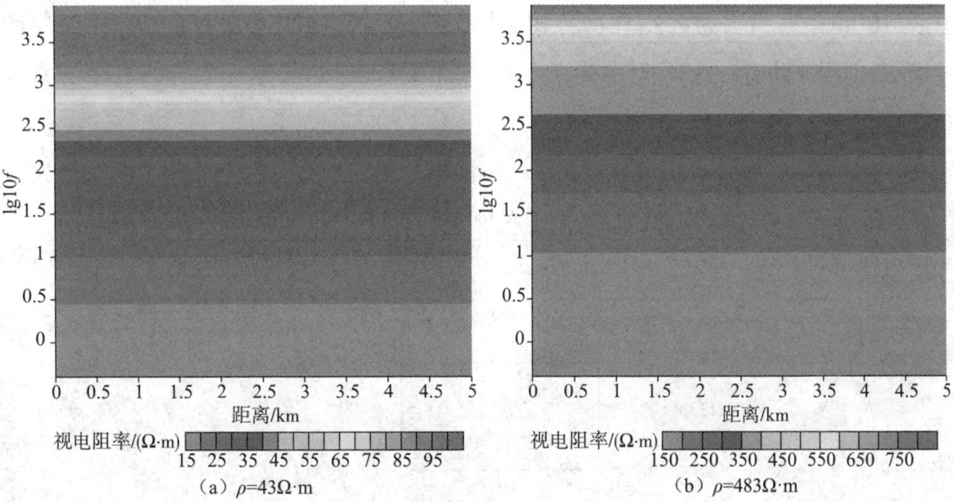

图2-6　天然气水合物层状地层模型视电阻率拟断面图

表 2–2　AMT 正演模拟频点数据选择

频数	频点/Hz
91	8577, 7365, 6310, 5412, 4642, 3981, 3415, 2929, 2512, 2154, 1848, 1585, 1359, 1166, 1000, 858, 736, 631, 541, 464, 398, 341, 293, 251, 215, 185, 158, 136, 117, 100, 85.8, 73.6, 63.1, 54.1, 46.4, 39.8, 34.1, 29.3, 25.1, 21.5, 18.5, 15.8, 13.6, 11.7, 10, 8.58, 7.36, 6.31, 5.41, 4.64, 3.98, 3.42, 2.93, 2.51, 2.15, 1.85, 1.59, 1.36, 1.17, 1, 0.858, 0.736, 0.631, 0.541, 0.464, 0.398

从图2–6中可知，由于天然气水合物层状模型各层电性差异比较显著，当没有受到其他因素影响且产状稳定分布时，视电阻率等值线呈水平延伸；当天然气水合物层状模型电阻率为43Ω·m、483Ω·m时，天然气水合物高阻异常分别出现在100Hz、1000Hz附近，高阻异常呈水平分布。

通过以上分析可知，当祁连山冻土区天然气水合物呈水平均匀层状分布时，AMT正演模拟效果较好，说明AMT方法对于识别与圈定层状分布的天然气水合物储层是有利的。

2. 天然气水合物高阻异常体模型响应特征

当祁连山冻土区天然气水合物呈局部异常不连续分布时，天然气水合物储层可以近似为高阻异常体模型。为了得出研究区有利于AMT方法勘探的天然气水合物储层，分别分析了天然气水合物高阻异常体在电阻率、赋存规模、埋深变化时的AMT正演响应特征。根据天然气水合物高阻异常体赋存状态的变化，设计了不同的地电模型，其模型参数为：第一层为地表冻土层，电阻率为2ρ，厚度为100m；第二层为天然气水合物储层，围岩地层电阻率为$1/3\rho$，在第二层距上覆冻土层h处有一个电阻率为ρ、大小为$d\times200$m的天然气水合物高阻异常体（图2–7）。

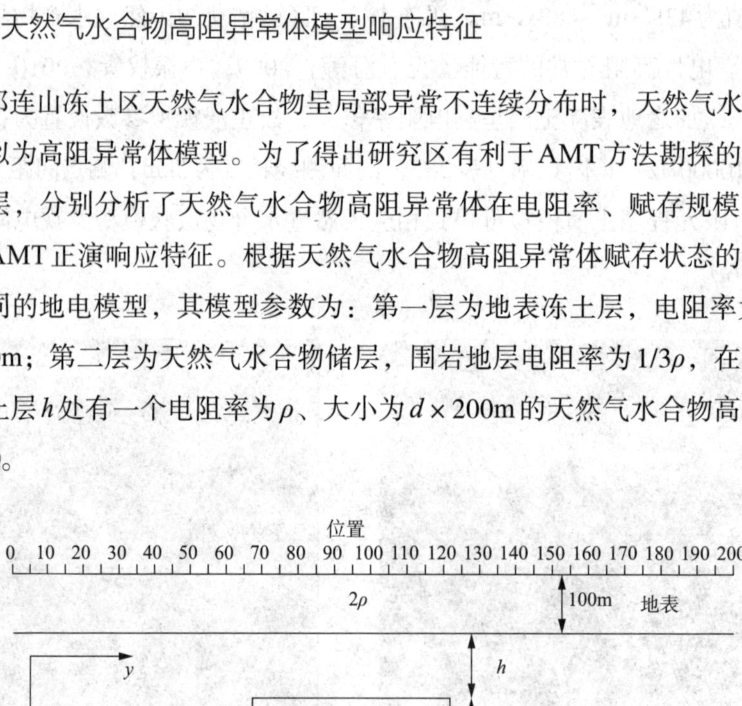

图2–7　天然气水合物高阻异常体地电模型

1）不同电阻率的正演模拟

为了研究祁连山冻土区天然气水合物储层电阻率变化时的AMT响应特征，根据研究区天然气水合物储层孔隙度、天然气水合物饱和度的变化范围，设置不同的储层电阻率，建立相应的地电模型进行正演模拟分析。祁连山冻土区已钻获天然气水合物样品的地层孔隙度变化范围主要为5%~20%，天然气水合物饱和度变化范围主要为30%~80%（郭星旺、祝有海，2011；林振洲等，2013），基于此，选取天然气水合物高阻异常体的孔隙度为10%，饱和度为30%、40%、50%、60%、70%、80%，利用电阻率模型计算得到电阻率为43Ω·m、57Ω·m、82Ω·m、126Ω·m、220Ω·m、483Ω·m，平均值为168.5Ω·m。据此，固定埋深为100m，宽度为500m，取天然气水合物高阻异常体ρ值依次为43Ω·m、168Ω·m、483Ω·m，其他正演模拟参数设置与前述一致，利用AMT有限元程序正演模拟得到相应天然气水合物高阻异常体模型TE、TM极化模式的视电阻率断面图（图2-8）。

从图2-8中可知，TE、TM极化模式视电阻率断面图上均出现了不同程度的视电阻率等值线下凹的现象，说明有高阻异常出现，指示为天然气水合物高阻异常体，反映了利用AMT方法模拟低阻地层中的天然气水合物高阻异常体效果较为明显。TE极化模式视电阻率断面图对于天然气水合物高阻异常体的纵向分辨能力较好，能够用于圈定高阻异常体的纵向电性影响范围；TM极化模式视电阻率断面图对于天然气水合物高阻异常体的横向分辨能力较好，能够用于圈定高阻异常体的横向电性影响范围。

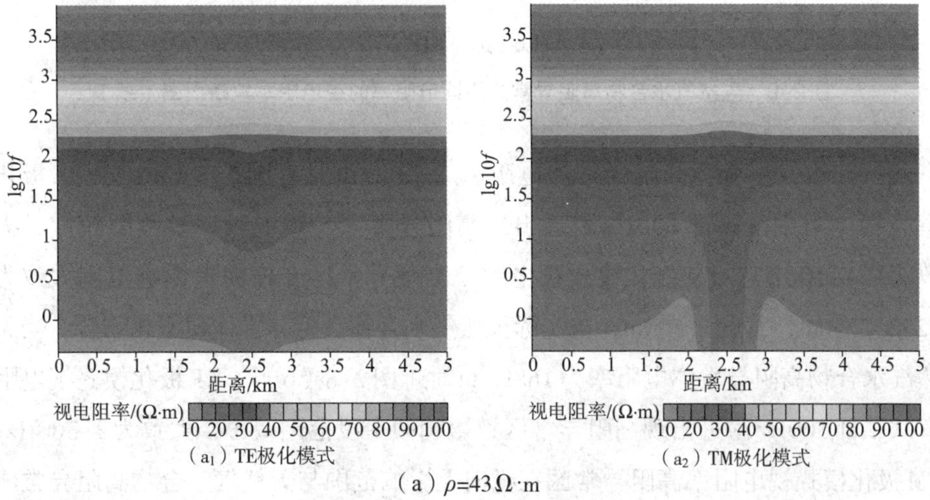

（a_1）TE极化模式　　（a_2）TM极化模式

（a）ρ=43Ω·m

图2-8　天然气水合物高阻异常体不同电阻率的视电阻率拟断面图

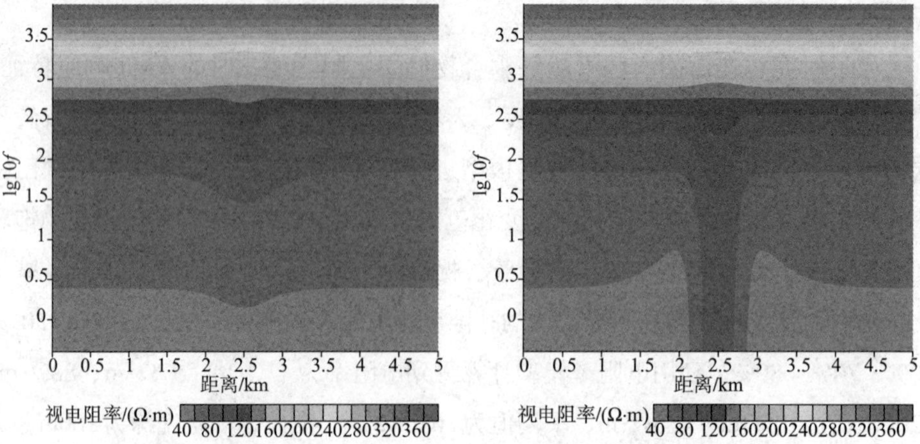

（b_1）TE极化模式　　（b_2）TM极化模式

（b）ρ=168Ω·m

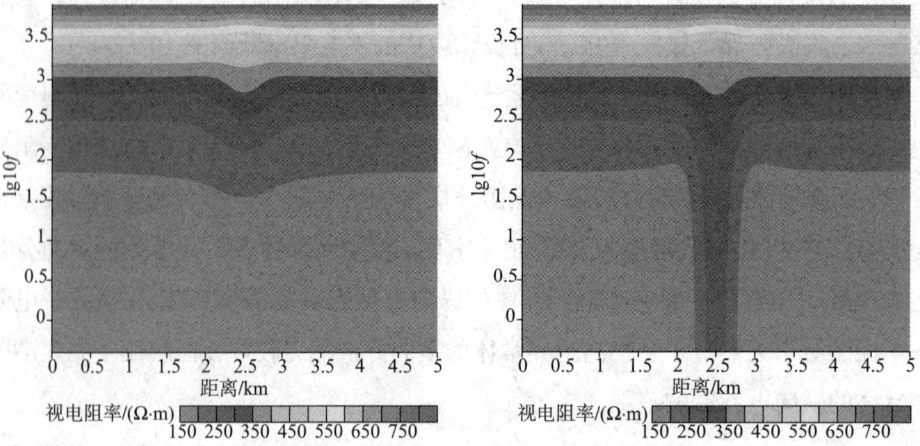

（c_1）TE极化模式　　（c_2）TM极化模式

（c）ρ=483Ω·m

图2-8　天然气水合物高阻异常体不同电阻率的视电阻率拟断面图（续）

当天然气水合物高阻异常体电阻率为43Ω·m时［图2-8（a）］，TE极化模式视电阻率从顶部100Hz附近出现高阻异常区，影响频率段范围较广，大致为0.4~100Hz；TM极化模式视电阻率高阻异常区在横向上影响范围大致为2250~2750m，宽度为500m，与实际天然气水合物高阻异常体模型相吻合。当天然气水合物高阻异常体电阻率为168Ω·m时［图2-8（b）］，TE极化模式视电阻率从顶部300Hz附近出现高阻异常区，影响频率段范围减小，大致为3~300Hz；TM极化模式视电阻率高阻异常区在横向上影响范围与天然气水合物高阻异常体电阻率为43Ω·m的相同，能够反映实际天然气水合物高阻异常体模型的赋存规模。当天然气水合物高阻异常体电阻率为483Ω·m时［图2-8（c）］，TE极化模式视电阻率从顶部1000Hz附近出现高阻异常区，影响频率段范围进一步减小，大致为100~1000Hz；TM极化模式视电阻率高阻异常区在横向上影响范围大致为2350~2650m，宽度为300m，相比于实际天然气水合物，高阻异常体模型误差较大。

通过以上分析可知，祁连山冻土区天然气水合物高阻异常体在埋深、赋存规模一定的条件下，随着天然气水合物高阻异常体电阻率的增大，TE、TM极化模式视电阻率断面图中高阻异常影响范围减小，AMT正演响应特征减弱，反映研究区为较高阻电性地层时，不利于用AMT方法识别与圈定天然气水合物有利分布区域。

当天然气水合物高阻异常体的电阻率为483Ω·m时，正演模拟得到的响应特征已严重偏离实际模型，说明研究区天然气水合物高阻异常体的电阻率大于483Ω·m时，AMT方法已较难表征天然气水合物储层。根据祁连山冻土区天然气水合物储层孔隙度、饱和度的变化范围，利用电阻率模型计算公式估算了相应的储层电阻率（表2-3）。从表中可知，天然气水合物储层电阻率大于483Ω·m时，所对应的储层孔隙度小于5%，天然气水合物饱和度大于70%，反映了低孔隙度、高饱和度的储层特征。

表2-3　祁连山冻土区天然气水合物不同储层条件下的电阻率

天然气水合物储层	储层条件	电阻率/（Ω·m）	天然气水合物储层	储层条件	电阻率/（Ω·m）
1	ϕ=5%，S_h=30%	106	13	ϕ=15%，S_h=30%	25
2	ϕ=5%，S_h=40%	143	14	ϕ=15%，S_h=40%	34
3	ϕ=5%，S_h=50%	204	15	ϕ=15%，S_h=50%	48
4	ϕ=5%，S_h=60%	314	16	ϕ=15%，S_h=60%	74
5	ϕ=5%，S_h=70%	549	17	ϕ=15%，S_h=70%	129
6	ϕ=5%，S_h=80%	1205	18	ϕ=15%，S_h=80%	283
7	ϕ=10%，S_h=30%	43	19	ϕ=20%，S_h=30%	17
8	ϕ=10%，S_h=40%	57	20	ϕ=20%，S_h=40%	23
9	ϕ=10%，S_h=50%	82	21	ϕ=20%，S_h=50%	33
10	ϕ=10%，S_h=60%	126	22	ϕ=20%，S_h=60%	50
11	ϕ=10%，S_h=70%	220	23	ϕ=20%，S_h=70%	88
12	ϕ=10%，S_h=80%	483	24	ϕ=20%，S_h=80%	193

通过以上分析可知，祁连山冻土区天然气水合物储层孔隙度小于5%、饱和度大于70%时，AMT方法难以识别与圈定天然气水合物储层。

2）不同赋存规模的正演模拟

为了反映祁连山冻土区一般天然气水合物储层的电性特征，选取孔隙度为10%、饱和度变化范围为30%~80%时的平均电阻率作为天然气水合物高阻异常体模型的ρ值，基于此,选取ρ值为168Ω·m，上边缘距上覆冻土层100m，取天然气水合物高阻异常体宽度分别为50m、350m、400m，其他正演模拟参数设置与前述一致，利用AMT有限元程序正演模拟得到相应天然气水合物高阻异常体模型TE、TM极化模式的视电阻率断面图（图2-9）。

从图2-9中可知，随着天然气水合物高阻异常体宽度从50m增大到400m，TE、TM极化模式视电阻率断面图中高阻异常影响范围增加，AMT正演响应特征逐渐增强。当天然气水合物高阻异常体宽度为50m时［图2-9（a）］，TE极化模式视电阻率等值线呈水平展布，对天然气水合物高阻异常体无响应；TM极化模式视电阻率等值线在横向上对天然气水合物高阻异常体亦无响应，不能反映实际天然气水合物高阻异常体模型的分布范围。当天然气水合物高阻异常体宽度为350m时［图2-9（b）］，TE极化模式视电阻率等值线明显下凹，从顶部300Hz附近出现高阻异常区，影响频率段范围大致为3~300Hz；TM极化模式视电阻率高阻异常区在横向上影响范围大致为2350~2650m，宽度为300m，与实际天然气水

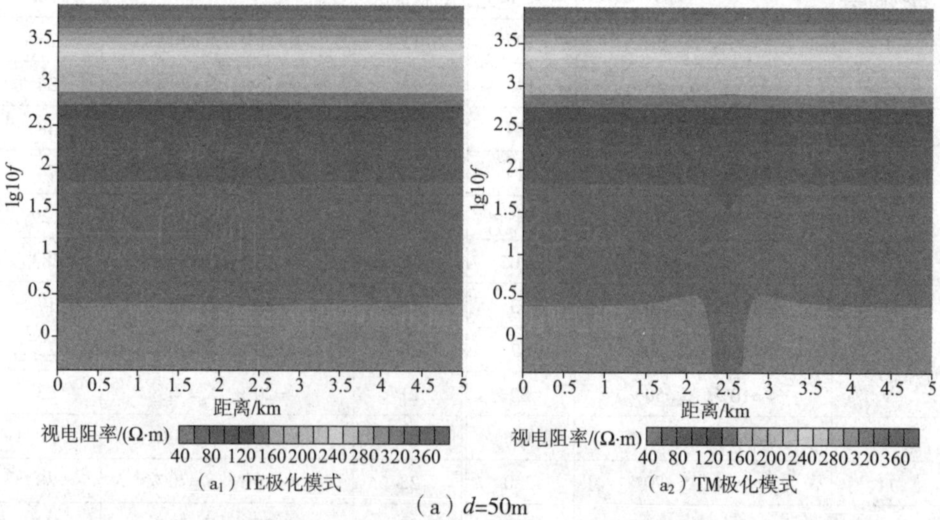

（a_1）TE极化模式　（a_2）TM极化模式

（a）d=50m

图2-9　天然气水合物高阻异常体不同赋存规模的视电阻率拟断面图

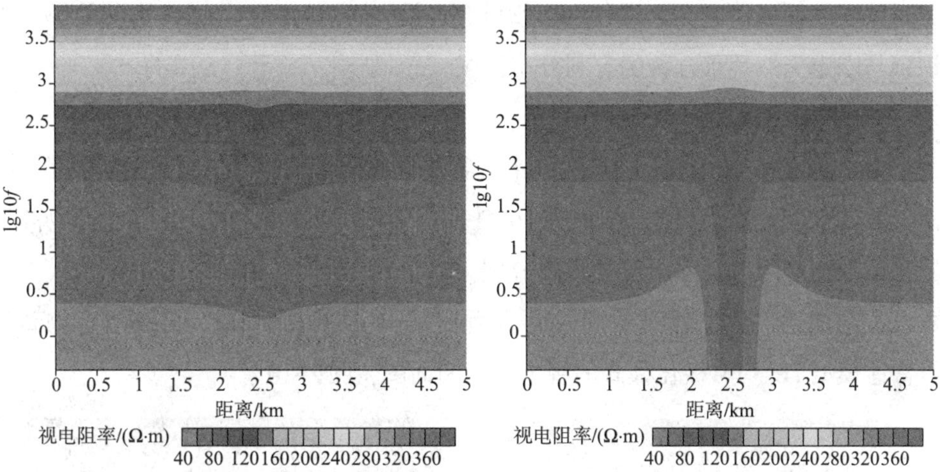

（b_1）TE极化模式　（b_2）TM极化模式

（b）d=350m

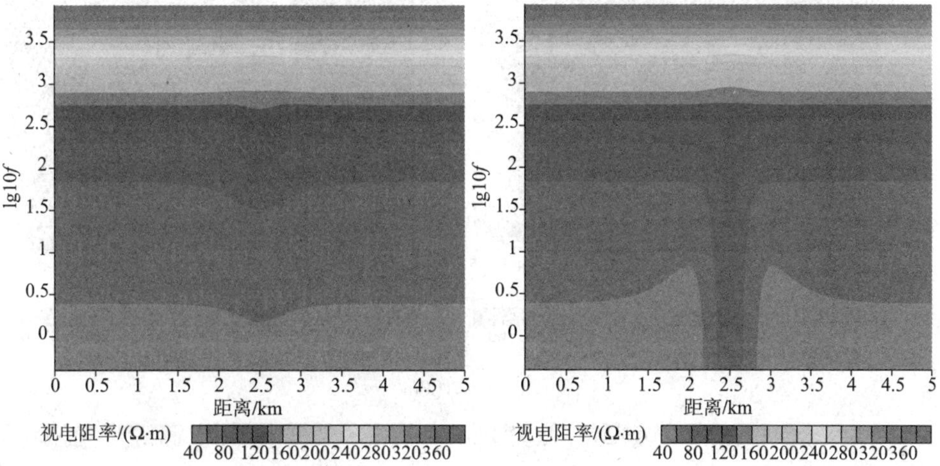

（c_1）TE极化模式　（c_2）TM极化模式

（c）d=400m

图2-9　天然气水合物高阻异常体不同赋存规模的视电阻率拟断面图（续）

合物高阻异常体模型存在一定偏差。当天然气水合物高阻异常体宽度为400m时［图2-9（c）］，TE极化模式视电阻率等值线下凹程度更加明显，AMT响应特征增强；TM极化模式视电阻率高阻异常区在横向上影响范围大致为2300~2700m，宽度为400m，与实际天然气水合物高阻异常体模型相吻合。

通过以上分析可知，祁连山冻土区天然气水合物高阻异常体在电阻率、埋深一定的条件下，随着天然气水合物高阻异常体赋存规模的增大，TE、TM极化模式视电阻率断面图中高阻异常影响范围增大，AMT正演响应特征增强。当研究区天然气水合物赋存规模小于50m时，AMT方法难以识别天然气水合物的有利分布区域，而当研究区天然气水合物赋存规模大于400m时，AMT方法能够有效识别与圈定天然气水合物的有利分布区域。

3）不同埋深的正演模拟

为了研究祁连山冻土区天然气水合物储层不同埋深时的AMT响应特征，固定天然气水合物高阻异常体ρ值为168Ω·m，宽度为400m，取天然气水合物高阻异常体上边缘距上覆冻土层的距离分别为100m、350m、400m，其他正演模拟参数设置与前述一致，利用AMT有限元程序正演模拟得到相应天然气水合物高阻异常体模型TE、TM极化模式的视电阻率断面图（图2-10）。

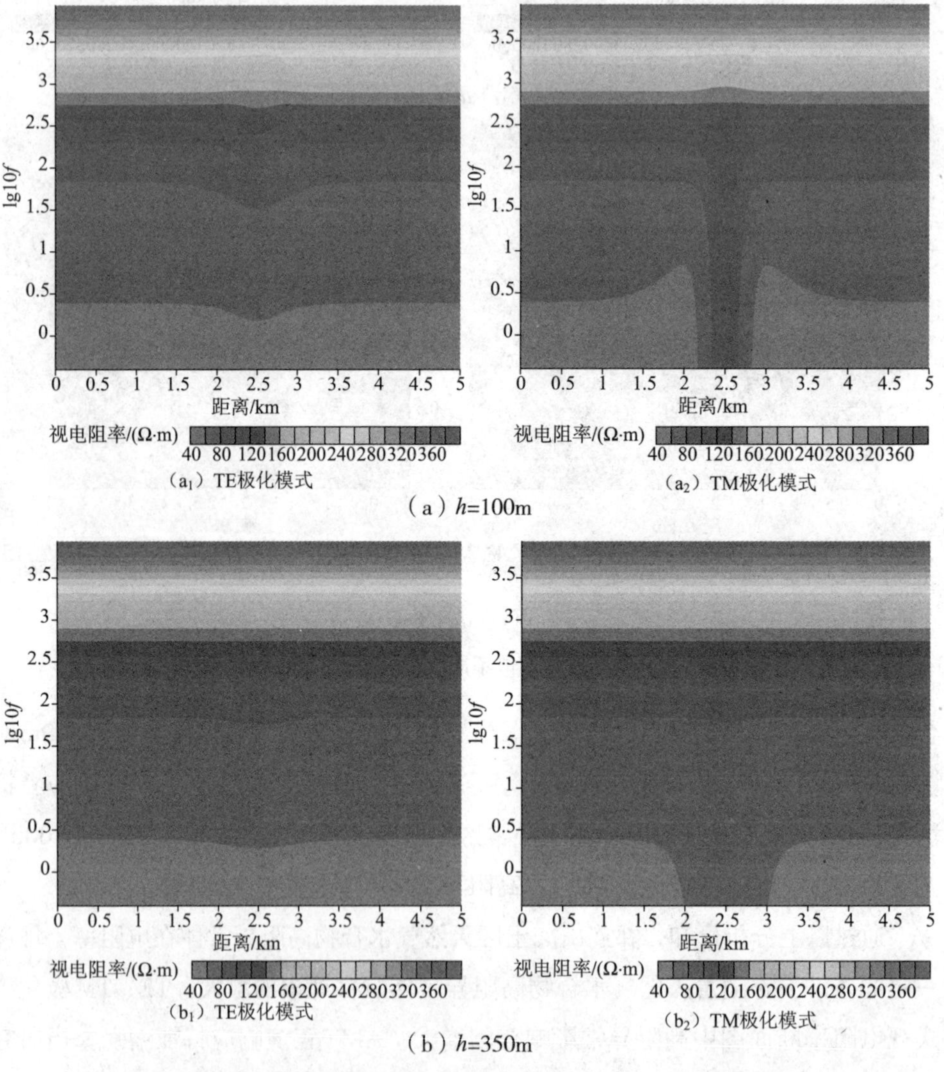

（a_1）TE极化模式　（a_2）TM极化模式

（a）h=100m

（b_1）TE极化模式　（b_2）TM极化模式

（b）h=350m

图2-10　天然气水合物高阻异常体不同埋深的视电阻率拟断面图

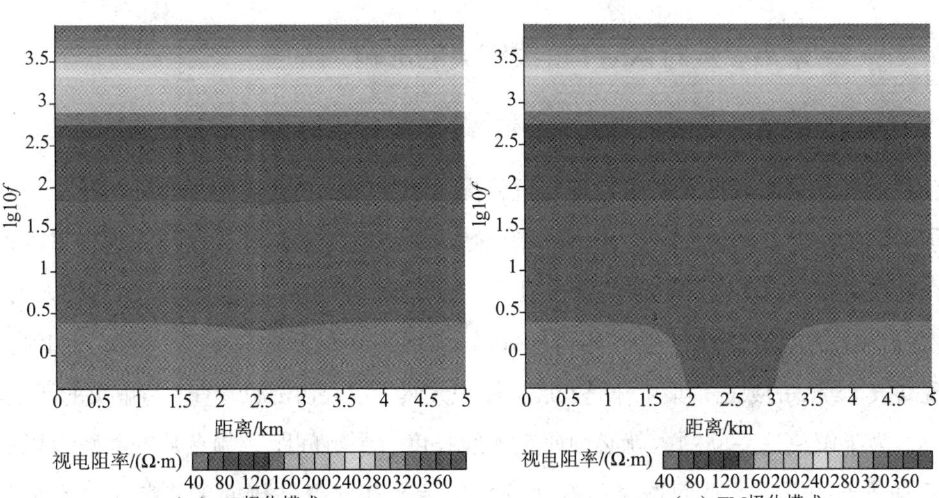

（c₁）TE极化模式　　（c₂）TM极化模式

（c）h=400m

图2–10　天然气水合物高阻异常体不同埋深的视电阻率拟断面图（续）

从图2–10中可知，随着天然气水合物高阻异常体埋深从200m增大到500m，TE、TM极化模式视电阻率断面图中高阻异常影响范围减小，AMT正演响应特征逐渐减弱。当天然气水合物高阻异常体埋深为200m时［图2–10（a）］，TE极化模式视电阻率等值线下凹明显，从顶部300Hz附近出现高阻异常区，影响频率段范围大致为3~300Hz；TM极化模式视电阻率高阻异常区在横向上影响范围大致为2300~2700m，宽度为400m，与实际天然气水合物高阻异常体模型相吻合。当天然气水合物高阻异常体埋深为450m时［图2–10（b）］，TE极化模式视电阻率等值线下凹程度明显减小，AMT响应特征减弱；TM极化模式视电阻率等值线在横向上对天然气水合物高阻异常体无响应，不能反映实际天然气水合物高阻异常体模型的分布范围。当天然气水合物高阻异常体埋深为500m时［图2–10（c）］，TE极化模式视电阻率等值线呈水平展布，对天然气水合物高阻异常体无响应；TM极化模式视电阻率等值线在横向上对天然气水合物高阻异常体亦无响应，不能反映实际天然气水合物高阻异常体模型的分布范围。

通过以上分析可知，祁连山冻土区天然气水合物高阻异常体在电阻率、赋存规模一定的条件下，随着高阻异常体埋深的增大，TE、TM极化模式视电阻率断面图中高阻异常影响范围减小，AMT正演响应特征减弱，当天然气水合物埋深超过500m时，AMT方法便难以识别与圈定天然气水合物的有利分布区域。

第4节 采集参数对AMT反演结果的影响

在野外开展AMT数据采集工作时，测线长度、测点间距、采集频点个数的合理选择为室内数据资料的处理与解释提供了便利，是开展野外实际测量工作必须考虑的问题。一般而言，采集的测点数与频点数越多越好，这样在进行室内资料处理时就具有丰富的数据信息，但是，随着野外采集信息的增大，所需的人力、物力、财力也随之增加，会使得野外数据采集工作的效率相应下降。因此，如何实现高效、经济的数据采集工作是开展大面积天然气水合物资源调查亟待解决的问题。

为了解决这一问题，就必须研究测线长度、测点间距、频点数的参数设置对反演结果的影响，从而选择最有效的采集参数开展野外数据采集工作。本小节的内容通过建立典型天然气水合物高阻异常体模型，设置不同采集参数（测线长度、测点间距、频点数），利用NLCG算法对比分析不同采集参数的反演结果的差异，进而获得有利于勘探天然气水合物储层的采集参数设置方案。

1. 天然气水合物典型高阻异常体正演模拟

由于上覆冻土层与天然气水合物储层的电性差异不太明显，且天然气水合物储层紧伏在冻土层之下，会对反演结果造成较大影响，因此，建立的地电模型不考虑上覆冻土层。为了反映祁连山冻土区一般天然气水合物储层的电性特征，选取孔隙度为10%、饱和度变化范围为30%~80%时的平均电阻率作为天然气水合物高阻异常体模型的电阻率，故取天然气水合物高阻异常体电阻率近似为170Ω·m。根据DK–1孔的电阻率测井曲线（图2–4），天然气水合物储层电阻率与围岩地层电阻率的比值最大可达10（Lu等，2011；姚大为等，2013），为了增强天然气水合物高阻异常体的反演效果，从而更好地研究采集参数对反演结果的影响，设定围岩地层电阻率为17Ω·m。根据以上天然气水合物地层的电性特征，可以建立研究区天然气水合物的典型高阻异常体地电模型（图2–11）。

天然气水合物高阻异常体地电模型参数设置如下：剖面测线长度为10.5km，测点间距为25m，天然气水合物高阻异常体为350m × 1000m，埋深为150m。利用AMT有限元程序正演模拟得到该天然气水合物异常体模型在TE、TM模式下的正演响应特征（图2–12），其中正演模拟设置的频率变化范围为0.1~1kHz，共计91个频点。

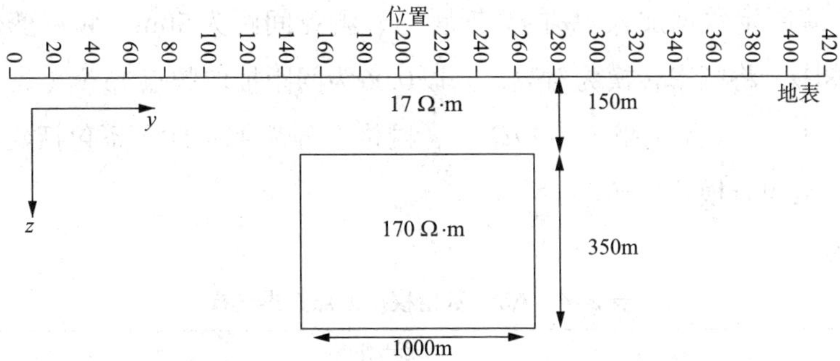

图2-11 天然气水合物典型高阻异常体地电模型

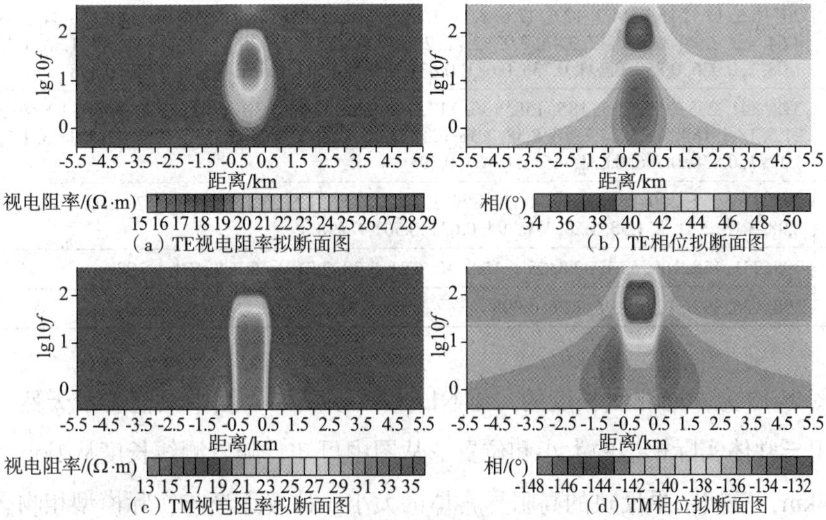

图2-12 天然气水合物典型高阻异常体模型AMT正演响应

从图2-12中可知，天然气水合物高阻异常体在TE、TM极化模式的视电阻率断面图、相位断面图中响应明显，有利于开展采集参数对AMT反演结果的影响研究。对于TE、TM极化模式视电阻率断面图［图2-12（a）、图2-12（c）］，从顶部100Hz附近出现高阻异常区，TE极化模式在1Hz附近高阻异常区闭合，而TM极化模式在低频部分高阻异常区不闭合。对于TE、TM极化模式相位断面图［图2-12（b）、图2-12（d）］，从顶部100Hz附近出现低值异常区，并且异常区在高频端闭合，能够较好地反映天然气水合物高阻异常体的形态特征。

2. 测线长度

为了研究不同测线长度对天然气水合物AMT反演结果的影响，依次设置测线长度4km、3km、2km、1km进行数值模拟分析。为了更好地模拟野外实测数据，反演原始数据加入3%的高斯噪声，测点间距为50m，频点变化范围为0.398~398Hz，将频率转换为对数，并以0.06为间距抽取频点46个（表2-4），正则化参数为10，初始电阻率为17Ω·m，网格剖分为92×50（不包括延拓网格），进行TE+TM组合模式反演。

表2-4 AMT数值模拟频点数据选择

频数	频点/Hz
91	398, 369, 341, 316, 293, 271, 251, 233, 215, 200, 185, 171, 158, 147, 136, 126, 117, 108, 100, 92.6, 85.8, 79.4, 73.6, 68.1, 63.1, 58.4, 54.1, 50.1, 46.4, 43, 39.8, 36.9, 34.1, 31.6, 29.3, 27.1, 25.1, 23.3, 21.5, 20, 18.5, 17.1, 15.8, 14.7, 13.6, 12.6, 11.7, 10.8, 10, 9.26, 8.58, 7.94, 7.36, 6.81, 6.31, 5.84, 5.41, 5.01, 4.64, 4.3, 3.98, 3.69, 3.42, 3.16, 2.93, 2.71, 2.51, 2.33, 2.15, 2, 1.85, 1.71, 1.59, 1.47, 1.36, 1.26, 1.17, 1.08, 1, 0.926, 0.858, 0.794, 0.736, 0.681, 0.631, 0.584, 0.541, 0.501, 0.464, 0.430, 0.398
46	398, 341, 293, 251, 215, 185, 158, 136, 117, 100, 85.8, 73.6, 63.1, 54.1, 46.4, 39.8, 34.1, 29.3, 25.1, 21.5, 18.5, 15.8, 13.6, 11.7, 10, 8.58, 7.36, 6.31, 5.41, 4.64, 3.98, 3.42, 2.93, 2.51, 2.15, 1.85, 1.59, 1.36, 1.17, 1, 0.858, 0.736, 0.631, 0.541, 0.464, 0.398
31	398, 316, 251, 200, 158, 126, 100, 79.4, 63.1, 50.1, 39.8, 31.6, 25.1, 20, 15.8, 12.6, 10, 7.94, 6.31, 5.01, 3.98, 3.16, 2.51, 2, 1.58, 1.26, 1, 0.794, 0.631, 0.501, 0.398
16	398, 251, 158, 100, 63.1, 39.8, 25.1, 15.8, 10, 6.31, 3.98, 2.51, 1.58, 1, 0.631, 0.398
7	398, 126, 39.8, 12.6, 3.98, 1.26, 0.398

图2-13为不同测线长度的二维NLCG反演结果，图中黑框表示天然气水合物高阻异常体实际模型的大小和位置。从图中可知，随着测线长度从1km逐渐增大到4km，反演结果反映的高阻异常体的大小、位置逐渐与实际模型相吻合。当测线长度与天然气水合物高阻异常体宽度相等时［图2-13（d）］，反演结果显示的高阻异常体的宽度只有800m左右，底边界位于深度550m附近位置，所反映的异常体的大小、位置和实际模型不相符；当测线长度为天然气水合物高阻异常体宽度的两倍时［图2-13（c）］，反演结果显示的高阻异常体宽度为970m，顶界面、底界面的位置与实际模型基本一致，所反映的高阻异常体的大小比实际模型略小；当测线长度为天然气水合物高阻异常体宽度的3倍以上时［图2-13（a）、图2-13（b）］，反演结果反映的高阻异常体的大小、位置与实际模型吻合。

通过以上分析可知，祁连山冻土区天然气水合物AMT勘探测线长度设置得越长，对于天然气水合物高阻异常体的识别越有利，但随着测线长度的增大，野外采集成本和室内资料处理的时间也相应增加。因此，测线长度应依据祁连山冻土区天然气水合物实际赋存的规模来选择，一般应选择大于天然气水合物可能赋存区域的两倍以上，选择3倍时效果最佳。

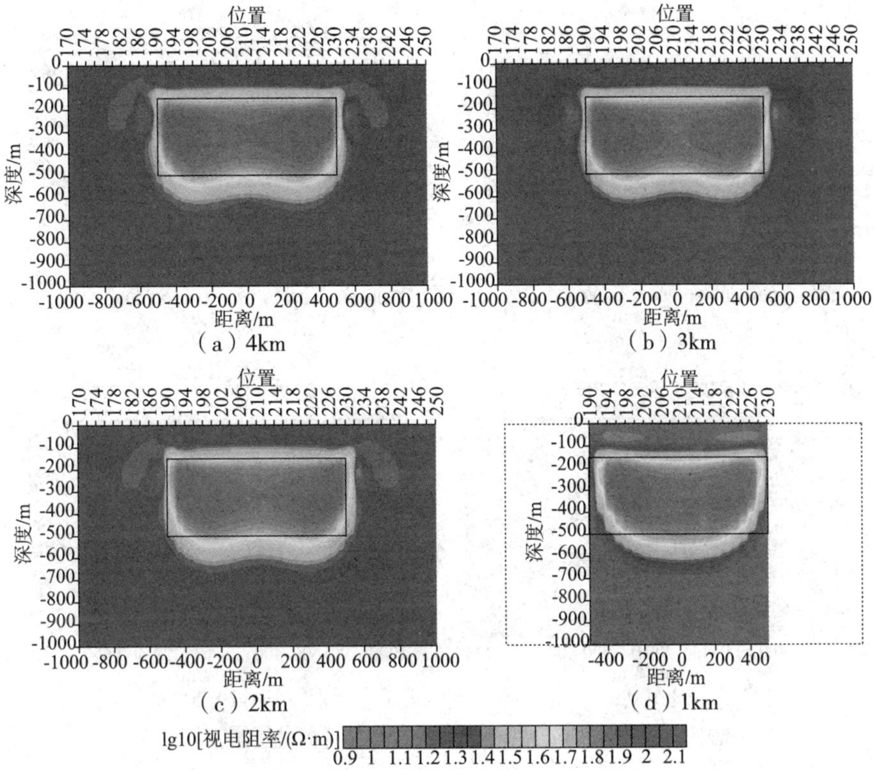

图 2–13　天然气水合物高阻异常体不同测线长度的二维 NLCG 反演结果

3. 点距

为了研究不同测点间距对天然气水合物 AMT 反演结果的影响，依次设置测点间距 25m、50m、100m、200m 进行数值模拟分析。同时考虑测线长度对反演结果的影响，选取测线长度为 4km，其他反演参数设置与前述一致。

图 2–14 为不同点距的二维 NLCG 反演结果，从图中可知，随着测点间距从 25m 逐渐增大到 200m，相对应在高阻异常体上方的测点数依次为 41、21、11、5，AMT 反演效果逐渐变差，所反映的高阻异常体的宽度不断减小，与实际模型的偏差逐渐增大。当测点间距为 25m、50m 时［图 2–14（a）、图 2–14（b）］，两者反演结果所反映的高阻异常体的大小、位置基本一致，且与实际模型相吻合；当测点间距为 100m 时［图 2–14（c）］，反演结果所反映的高阻异常体宽度为 900m，顶界面、底界面的位置与实际模型基本一致，所反映的高阻异常体的大小比实际模型略小；当测点间距为 200m 时［图 2–14（d）］，反演结果显示的高阻异常体的宽度与实际模型相差较大，不能真实反映实际模型的大小和位置。

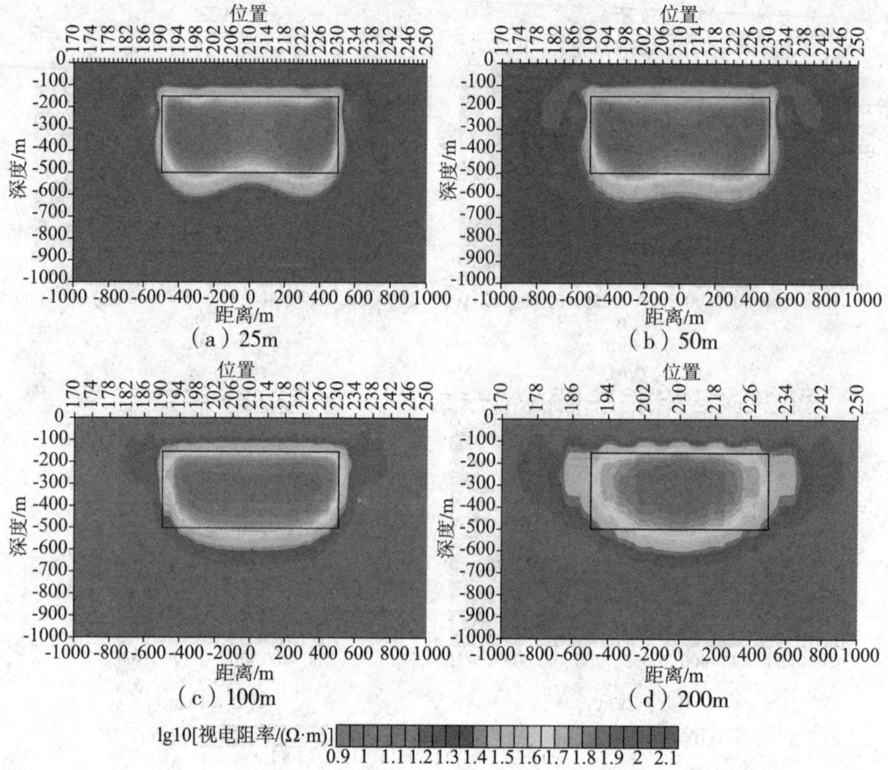

图2–14　天然气水合物高阻异常体不同点距的二维NLCG反演结果

通过以上分析可知，祁连山冻土区天然气水合物AMT勘探测点间距设置得越小，对于天然气水合物高阻异常体的识别越有利，而随着测点间距的减小，野外采集成本和室内资料处理的时间也相应增加。根据祁连山冻土区天然气水合物在横向上赋存连续性较差的特点（祝有海等，2010；卢振权等，2010），在该区开展天然气水合物AMT勘探时，在天然气水合物可能赋存区域的测点数不应少于6，选择11时最佳。

4．频点数

为了研究不同频点数选择对天然气水合物AMT反演结果的影响，依次设置频点数46、31、16、7进行数值模拟分析，相对应的具体频率值见表2–4。同时考虑测线长度和点距对反演结果的影响，选取测线长度4km，测点间距50m，其他反演参数设置与前述一致。

图2–15为不同频点数的二维NLCG反演结果，从图中可知，当频点数从46

逐渐减小到7，相对应在高阻异常体的影响频率范围内（100~1000Hz）的频点数依次为10、7、4、2，AMT反演效果逐渐变差，所反映的高阻异常体的大小、位置与实际模型的偏差逐渐增大。当频点数为46、31时［图2-15（a）、图2-15（b）］，反演结果所反映的高阻异常体的大小、位置与实际模型吻合较好；当频点数为16时［图2-15（c）］，反演结果显示的高阻异常体宽度为970m，顶界面、底界面的位置与实际模型基本一致，所反映的高阻异常体的大小比实际模型略小；当频点数为7时［图2-15（d）］，反演结果显示的高阻异常体宽度为950m，底界面的位置位于深度580m附近位置，所反映的异常体的大小、位置和实际模型不相符。

通过以上分析可知，祁连山冻土区天然气水合物AMT勘探频点数设置得越多，对于天然气水合物高阻异常体的识别越有利，但随着频点数的增多，野外采集成本和室内资料处理的时间也相应增加。祁连山冻土区已钻获的天然气水合物实物样品埋藏深度较浅，深度范围主要介于130~396m（祝有海等，2009；卢振权等，2010），属于AMT探测的高频段范围。因此，在该区开展天然气水合物AMT勘探时，在高频段（100~1000Hz）的频点数设置不应小于3，选取4时为最佳。

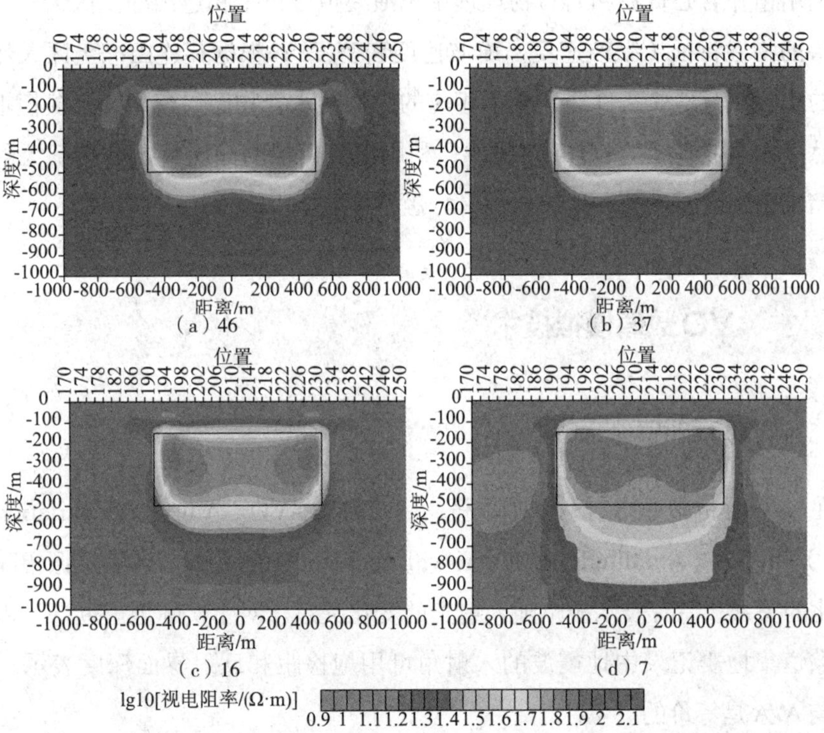

图2-15　天然气水合物高阻异常体不同频点数的二维NLCG反演结果

第3章

天然气水合物 AVO 数值模拟

在叠前地震记录上，天然气水合物储层性质（孔隙度、饱和度、层厚）变化对应于不同的AVO响应特征。然而，由于AVO响应不可避免地具有多解性，加之天然气水合物储层所特有的纵、横波特性，直接对地震资料进行AVO异常分析和解释具有很大风险。为了降低地震资料AVO分析的风险，更好地为天然气水合物储层识别服务，开展天然气水合物储层AVO正演模拟是非常有意义的。本章利用钻井岩心资料和岩石物理理论正演模拟分析了祁连山冻土区天然气水合物储层的物性特征（纵波速度、横波速度和密度）；根据祁连山冻土区天然气水合物的实际赋存地质条件，建立了相应的天然气水合物储层模型，正演模拟分析了天然气水合物储层AVO响应规律；利用正演模拟的储层参数分析了天然气水合物储层识别敏感参数和地层岩性区分敏感参数。

第1节 AVO数值模拟技术

1. AVO基础理论

在AVO分析中通常有两个基本概念，分别为AVO（Amplitude Variation with Offset）和AVA（Amplitude Variation with Incident Angle），前者表示振幅随炮检距变化的关系，后者表示振幅随入射角的变化关系。对于实际地震勘探，由于共中心点道集地震记录中地震波的入射角可用炮检距和反射界面深度表示，因此AVO与AVA是等价的。

叠前地震AVO分析技术的理论基础为完全形式的Zoeppritz方程以及相对应

的各种近似公式。对于各向同性弹性介质，平面纵波非垂直入射到两种介质的分界面上会发生反射与透射。在介质分界面上，依据应力和位移连续性的特点，将反射系数和透射系数两个参数引入，便能得到相应弹性波的位移振幅方程，即为Zoeppritz方程。对于两种介质的反射界面，Zoeppritz方程的解与分界面两侧介质的弹性参数有关，主要包括分界面两侧介质的密度ρ_1和ρ_2，纵波速度v_{P1}和v_{P2}，横波速度v_{S1}和v_{S2}。

假设存在一个弹性反射界面（图3–1），分界面上、下两侧均为半无限空间，当有一个平面纵波非垂直入射到分界面上时，初始入射角为α，此时在分界面两侧就会出现4种类型的弹性波，即反射纵波（反射角为α）、反射横波（反射角为β）、透射纵波（透射角为α'）和透射横波（透射角为β'）（Wyllie等，1956；Connolly，1999）。纵波在介质中的传播服从几何光学的斯奈尔定律：

$$P=\frac{\sin\alpha}{v_{P1}}=\frac{\sin\alpha'}{v_{P2}}=\frac{\sin\beta}{v_{S1}}=\frac{\sin\beta'}{v_{S2}} \tag{3–1}$$

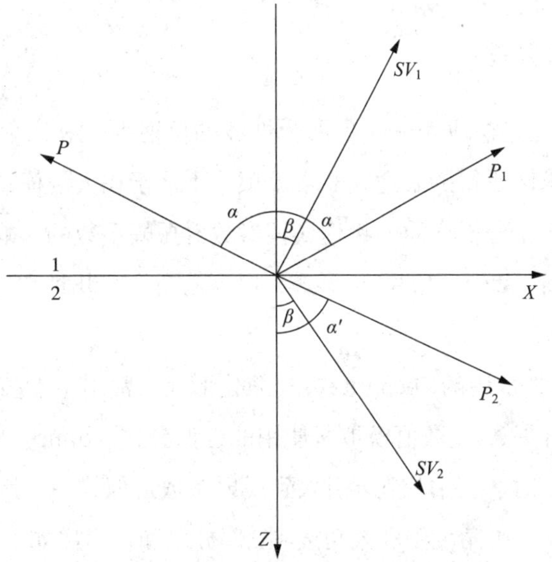

图3–1　弹性分界面的反射与透射示意图

应用弹性波动方程理论可知，若分界面两侧介质中质点所受的正应力、切应力、法向位移与切向位移均相等，则可以对波动方程求解得到上述4种弹性波的位移振幅所满足的方程，即Zoeppritz方程，其矩阵表达形式为（Zoeppritz，1919）：

$$\begin{bmatrix} \sin\alpha & \cos\beta & -\sin\alpha' & \cos\beta' \\ \cos\alpha & -\sin\beta & \cos\alpha' & \sin\beta' \\ \sin 2\alpha & \dfrac{v_{P1}}{v_{S1}}\cos 2\beta & \dfrac{v_{P1}}{v_{P2}}\dfrac{v_{S2}^2}{v_{S1}^2}\dfrac{\rho_2}{\rho_1}\sin 2\alpha' & -\dfrac{\rho_2}{\rho_1}\dfrac{v_{P1}v_{S2}}{v_{S1}^2}\cos 2\beta' \\ \cos 2\beta & -\dfrac{v_{S1}}{v_{P1}}\sin 2\beta & -\dfrac{\rho_2}{\rho_1}\dfrac{v_{P2}}{v_{P1}}\cos 2\beta' & -\dfrac{\rho_2}{\rho_1}\dfrac{v_{S2}}{v_{P1}}\sin 2\beta' \end{bmatrix}\begin{bmatrix} R_{PP} \\ R_{PS} \\ T_{PP} \\ T_{PS} \end{bmatrix} = \begin{bmatrix} -\sin\alpha \\ \cos\alpha \\ \sin 2\alpha \\ -\cos 2\beta \end{bmatrix} \quad (3\text{–}2)$$

式中，R_{PP}为以位移振幅表示的反射纵波反射系数，$R_{PP}=B_2/B_1=A_2/A_1\cdot v_{P1}/v_{P1}$；$R_{PS}$为反射横波反射系数，$R_{PS}=B_3/B_1=A_3/A_1\cdot v_{P1}/v_{S1}$；$T_{PP}$为透射纵波透射系数，$T_{PP}=B_4/B_1=A_4/A_1\cdot v_{P1}/v_{P2}$；$T_{PS}$为透射横波透射系数，$T_{PS}=B_5/B_1=A_5/A_1\cdot v_{P1}/v_{S2}$；$B_1$~$B_5$为各弹性波的位移振幅。

式（3–2）中的反射角和透射角都可由式（3–1）转换为入射角α的函数，故实际上反射、透射系数的求取就是由入射角α和分界面两侧的纵、横波速度和密度所决定的。由于介质的物理属性参数又是由介质的岩性、孔隙度、孔隙流体成分与饱和度等参数所决定的，故式（3–2）能够有效地将地震反射系数和地层岩性信息关联起来，从而反映了Zoeppritz方程是开展相关AVO研究并识别地层岩性与流体的基础。

2. 经典近似公式

Zoeppritz方程完整地表述了平面弹性波的反射系数和入射角的关系，由于方程结构复杂，求解所得的表达式非常繁琐，不适于在大规模数据计算中直接使用，且难以直接用于分析介质的物理属性参数对振幅系数的影响。因而在实际工作中通常使用Zoeppritz方程的简化形式，以下简要介绍几种常用的近似公式。

1）Shuey公式

Shuey公式为最常用的Zoeppritz方程简化形式，常用于AVO属性分析中，因此本章选其作为开展AVO数值模拟所使用的近似公式。Shuey在研究反射系数随入射角变化的关系时，将泊松比σ引入到反射系数近似式中，因而反射系数方程可改写成小角度项、中角度项和大角度项3部分之和，得出如下形式的近似式：

$$R_P(\theta)\approx R_0+\left[A_0R_0+\frac{\Delta\sigma}{(1-\sigma)^2}\right]\sin^2\theta+\frac{1}{2}\frac{\Delta v_P}{v_P}(\tan^2\theta-\sin^2\theta) \quad (3\text{–}3)$$

式中，$R_0=\dfrac{1}{2}\left(\dfrac{\Delta v_P}{v_P}+\dfrac{\Delta\rho}{\rho}\right)$；$B=\dfrac{\Delta v_P/v_P}{\Delta v_P/v_P+\Delta\rho/\rho}$；$A_0=B-2(1+B)\dfrac{1-2\sigma}{1-\sigma}$；$v_P$和$\sigma$分别为分界面两侧介质纵波速度和泊松比的均值；$\Delta v_P$和$\Delta\sigma$分别为分界面两侧介质纵波速度和泊松比的差值；$\theta$为入射角与透射角的均值。

在实际应用中，Shuey公式通常忽略大角度项，故式（3-3）可进一步简化为如下形式：

$$R_P(\theta) \approx R_0 + \left[A_0R_0 + \frac{\Delta\sigma}{(1-\sigma)^2}\right]\sin^2\theta = P + G\sin^2\theta \tag{3-4}$$

式中，$P = \frac{1}{2}(\frac{\Delta v_P}{v_P} + \frac{\Delta\rho}{\rho})$，表征法向入射波的反射振幅，称为截距；$G = \frac{1}{2}\frac{\Delta v_P}{v_P} - \frac{2\Delta\mu}{\rho v_P^2}$，表征反射振幅随炮检距的变化率，称为梯度。

P和G的近似形式是提取零偏移剖面与进行AVO属性分析的理论基础。

2）Aki-Richards公式

Aki和Richards（1980）假设地层分界面两侧介质的物理属性参数变化较小，因此$\Delta v_P/v_P$，$\Delta v_S/v_S$，$\Delta\rho/\rho$和其他值相比均为小值，满足$\Delta v_P/v_P$，$\Delta v_S/v_S$，$\Delta\rho/\rho \ll 1$，在此条件下展开并略去高阶项可得出纵波反射系数的近似式为：

$$R_P(\theta) \approx \frac{1}{2}(1-4\rho^2v_S^2)\left(\frac{\Delta\rho}{\rho}\right) + \frac{1}{2\cos^2(\theta)}\frac{\Delta v_P}{v_P} - 4v_S\rho^2\frac{\Delta v_S}{v_S} \tag{3-5}$$

式中，$\rho=(\rho_1+\rho_2)/2$，$\Delta\rho=(\rho_2-\rho_1)/2$，$v_P=(v_{P1}+v_{P2})/2$，$v_S=(v_{S1}+v_{S2})/2$，$\Delta v_P=v_{P2}-v_{P1}$，$\Delta v_S=v_{S2}-v_{S1}$，$\theta=(\theta_i+\theta_t)/2$。

式（3-5）包含了物理意义明确的纵波速度、横波速度和密度参数，同样也在地震资料处理中得到广泛应用，常用于地震资料的弹性参数反演中。

3）Bortfeld公式

Zoeppritz方程还可改写为Bortfeld公式。该式主要通过单界面逼近法提供了能够区分流体和固体的线性简化形式，其数学表达式为：

$$R_P(\theta) \approx \frac{1}{2}\ln\left(\frac{v_{P2}\rho_2\cos\theta_1}{v_{P1}\rho_1\cos\theta_2}\right) + \left(\frac{\sin\theta_1}{v_{P1}}\right)^2(v_{S1}^2 - v_{S2}^2)\left[2 + \frac{\ln(\rho_2/\rho_1)}{\ln(v_{P2}/v_{P1}) - \ln(v_{P2}v_{S2}/v_{P1}v_{S1})}\right] \tag{3-6}$$

4）郑－杨幂级数公式

我国学者郑晓东、杨绍国和周熙襄将纵波改写为射线参数$\sin\theta$的偶次幂级数，而将横波改写为射线参数$\sin\theta$的奇次幂级数，据此可把Zoeppritz方程转换为幂级数形式。在满足弹性参数相对变化量较小的条件下，利用奇偶函数的性质把Aki–Richards公式所表述的反射系数和透射系数展开成为射线参数sinθ的幂级数，并忽略sinθ高次项，便可得到如下近似式：

$$R_P(\theta) = R_0 + R_2\sin^2\theta + R_4\sin^4\theta \tag{3–7}$$

式中，$R_0 = \frac{1}{2}(\frac{\Delta v_P}{v_P} + \frac{\Delta\rho}{\rho})$；$R_2 = \frac{1}{2}\frac{\Delta v_P}{v_P} - 4\frac{v_S^2}{v_P^2}\frac{\Delta v_S}{v_S} - 2\frac{v_S^2}{v_P^2}\frac{\Delta\rho}{\rho}$；$R_4 = \frac{1}{2}\frac{\Delta v_P}{v_P}$。

第2节 天然气水合物地层物性参数

开展天然气水合物AVO正演模拟，首先需要根据研究区天然气水合物的实际赋存地质情况，设置合理的天然气水合物储层模型。天然气水合物储层模型参数主要包括纵波速度、横波速度、密度和地层厚度等，而在缺少实验分析数据的条件下，这些参数可以依据测井数据和岩石物理理论得到。本节根据天然气水合物的岩石微观分布形态，利用基于岩石物理模型的等效介质理论构建了天然气水合物储层的正演模拟速度模型，而后利用天然气水合物钻孔的原位测井资料建立了天然气水合物三层盖储地层模型，为开展天然气水合物储层AVO响应规律研究和弹性参数敏感性研究奠定基础。

1. 天然气水合物岩石微观模型

天然气水合物在地层岩石中的分布形式，直接影响地层岩石的物理性质，因此，开展天然气水合物AVO正演模拟工作来说，岩石微观模型的建立是十分重要的。

现今已发现的天然气水合物主要赋存于海底和极地永冻土中，且在零上、零下温度环境皆可存在（Sloan，1998）。根据前人研究，天然气水合物主要分布于岩石的孔隙和裂缝中，钻获的实物样品表明，天然气水合物可以多种充填方式存在：①充填于较大的岩石粒间孔隙中；②以球粒状散布于细粒岩石中；③以固态形式充填于岩石裂缝中；④大块天然气水合物伴随少量沉积物。

当天然气水合物以孔隙充填的方式存在时，可以考虑两种岩石微观模型，即天然气水合物在孔隙空间中以悬浮、半悬浮（或颗粒接触）的形式存在（图3–2）。对于图中模型A，天然气水合物悬浮于岩石孔隙的孔隙流体中，只对孔隙流体的体积模量造成影响；对于模型B，天然气水合物与岩石骨架接触且成为其一部分，致使有效孔隙度与岩石刚度减小。因此，在估算天然气水合物地层岩石弹性模量对地层物性参数（纵波速度、横波速度、密度）的影响时，可利用模型A、B。

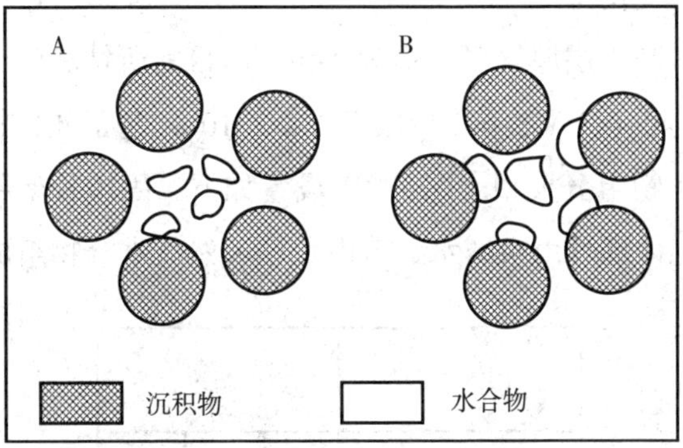

图3–2 天然气水合物岩石微观模型（据Ecker等，1998）

2. 天然气水合物微观模型速度分析

为了开展祁连山冻土区天然气水合物AVO数值模拟工作，需根据天然气水合物地层孔隙度、饱和度的变化情况，设置相应的物性参数值，建立相应的地层模型正演模拟研究区天然气水合物储层的AVO响应规律。为了将天然气水合物微观分布状态与地层物性参数联系起来，可以借助基于等效介质理论的弹性波速度模型（Helgerud等，1999）。该模型是基于等效介质理论建立的，考虑了岩石弹性力学和统计学，兼顾了波传播介质的微观和宏观两个方面，具有相对较广的使用范围（李红星等，2009）。在实际运用该模型时可将含天然气水合物地层视为等效均匀介质，并且微观分布模式影响其弹性参数，进而来研究其弹性波特征。根据等效介质理论，含天然气水合物地层的纵、横波速度表达式为：

$$v_P = \sqrt{\left(K_{sat} + \frac{4}{3}\mu_{sat}\right)\rho_b} \tag{3–8}$$

$$v_S = \sqrt{\mu_{sat}/\rho_b} \tag{3–9}$$

式中，v_P、v_S分别为纵、横波速度；K_{sat}为饱和流体地层岩石的体积模量；μ_{sat}为饱和流体地层岩石的剪切模量；ρ_b为地层岩石的密度。

为了确定天然气水合物储层的物性参数（v_P、v_S、ρ_b），只需确定K_{sat}和μ_{sat}，这两个参数的计算可利用基于等效介质理论的弹性波速度模型正演模拟得到（Ecker等，1998；Helgerud等，1999）。该模型考虑了地层岩石矿物组分、孔隙度、天然气水合物饱和度变化对地层物性参数的影响，能够用于模拟祁连山冻土区天然气水合物储层的变化特征。

祁连山冻土区冻土层厚度平均值为95m，而目前所钻获的天然气水合物实物样品的赋存深度均在133m之下（卢振权等，2010），基于此，将研究区天然气水合物地层的岩石矿物组分模型（图3-3）设置如下：固体骨架部分由石英、方解石、黏土组成；流体部分由束缚水、自由水、天然气水合物组成。

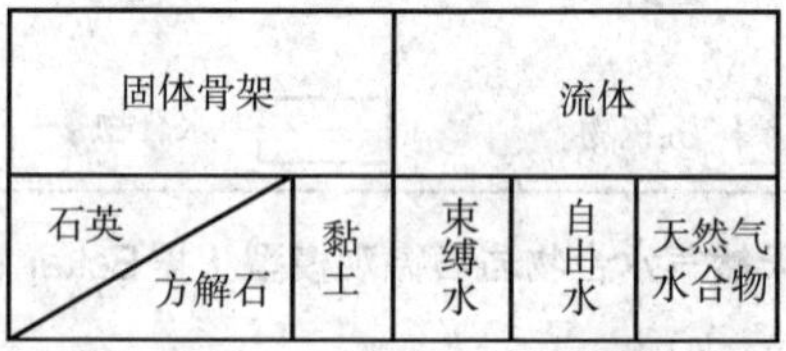

图3-3　祁连山冻土区天然气水合物岩石组分模型

假设V_q、V_c、V_{cl}、V_h、V_w分别表示石英、方解石、黏土、天然气水合物、水的体积分数，用ϕ、S_w、S_h分别表示地层岩石孔隙度、含水饱和度、天然气水合物饱和度，则对于模型A和B满足以下关系：

$$V_q+V_c+V_{cl}+V_h+V_w=1 \tag{3-10}$$

$$\phi=V_h+V_w \tag{3-11}$$

$$S_w=V_w/\phi \tag{3-12}$$

$$S_h=V_h/\phi \tag{3-13}$$

根据Hertz-Mindin理论，首先可以计算出临界孔隙度ϕ_c（一般为40%）干岩石的有效体积模量K_{HM}和剪切模量μ_{HM}：

$$K_{HM}=\left[\frac{n^2(1-\phi_c)^2G^2}{18\pi(1-v)^2}P\right]^{\frac{1}{3}} \tag{3-14}$$

$$\mu_{HM}=\frac{5-4v}{5(2-v)}\left[\frac{3n^2(1-\phi_c)^2G^2}{2\pi(1-v)^2}P\right]^{\frac{1}{3}} \tag{3-15}$$

式中，v为固相的泊松比；n为在单位体积内颗粒平均接触的数目，取9（Murphy，

1982）；P 为有效压力，其数学表达式为：

$$P=(\rho_b-\rho_w)gD \tag{3-16}$$

式中，ρ_b、ρ_w 分别为地层岩石和水的体积密度；g 为重力加速度；D 为埋深。

泊松比 v 的计算公式为：

$$v=\frac{1}{2}\frac{K-(2/3)G}{K+(1/3)G} \tag{3-17}$$

式中，K、μ 为固相的体积模量与剪切模量，K 和 μ 的计算公式为（Hill，1952）：

$$K=\frac{1}{2}\left[\sum_{i=1}^{m} f_i K_i+\left(\sum_{i=1}^{m} f_i/K_i\right)^{-1}\right] \tag{3-18}$$

$$\mu=\frac{1}{2}\left[\sum_{i=1}^{m} f_i \mu_i+\left(\sum_{i=1}^{m} f_i/\mu_i\right)^{-1}\right] \tag{3-19}$$

式中，f_i 为固相中第 i 种组分的体积分数；K_i 和 μ_i 分别为第 i 种组分的体积模量和剪切模量；m 为固相中组分的种类。

在确定了 K_{HM} 和 μ_{HM} 之后，便可以计算干岩石骨架的体积模量 K_{dry} 和剪切模量 μ_{dry}（Dvorkin等，1999）：

$$K_{dry}=\begin{cases}\left(\dfrac{\phi/\phi_c}{K_{HM}+4\mu_{HM}/3}+\dfrac{1-\phi/\phi_c}{K+4\mu_{HM}/3}\right)^{-1}-\dfrac{4}{3}\mu_{HM}, \phi<\phi_c \\ \left[\dfrac{(1-\phi)/(1-\phi_c)}{K_{HM}+4\mu_{HM}/3}+\dfrac{(\phi-\phi_c)/(1-\phi_c)}{4\mu_{HM}/3}\right]^{-1}-\dfrac{4}{3}\mu_{HM}, \phi\geqslant\phi_c\end{cases} \tag{3-20}$$

$$\mu_{dry}=\begin{cases}\left[\dfrac{\phi/\phi_c}{\mu_{HM}+Z}+\dfrac{1-\phi/\phi_c}{\mu+Z}\right]^{-1}-Z, \phi<\phi_c \\ \left[\dfrac{(1-\phi)/(1-\phi_c)}{\mu_{HM}+Z}+\dfrac{(\phi-\phi_c)/(1-\phi_c)}{Z}\right]^{-1}-Z, \phi\geqslant\phi_c\end{cases} \tag{3-21}$$

式中，$Z=\dfrac{\mu_{HM}}{6}\left(\dfrac{9K_{HM}+8\mu_{HM}}{K_{HM}+2\mu_{HM}}\right)$。

最后，利用Gassmann方程便可以计算得到饱和流体地层岩石的 K_{sat} 和 μ_{sat}：

$$K_{sat}=K\frac{\phi K_{dry}-(1+\phi)K_f K_{dry}/K+K_f}{(1-\phi)K_f+\phi K-K_f K_{dry}/K} \tag{3-22}$$

$$\mu_{sat}=\mu_{dry} \tag{3-23}$$

式中，K_f为孔隙空间中流体的体积模量。

对于天然气水合物岩石微观模型A：由于天然气水合物当作孔隙流体的一部分，故此时孔隙流体的$\overline{K_f}$为K_f和天然气水合物的体积模量（K_h）按天然气水合物饱和度所占比例的平均值，故式（3–22）中的K_f应该替换为$\overline{K_f}$：

$$\overline{K_f} = [S_h/K_h + (1 - S_h)/K_f]^{-1} \tag{3–24}$$

对于天然气水合物岩石微观模型B：天然气水合物当作岩石骨架的一部分，从而导致岩石孔隙的有效孔隙度减小，此时的ϕ_{eff}为：

$$\phi_{eff}=\phi-\phi_h \tag{3–25}$$

同时，固相的弹性模量也发生改变，根据Hill平均，式（3–18）和式（3–19）中f_i应该替换为$\overline{f_i}$：

$$\overline{f_i} = f_i(1 - \phi)/(1 - \phi_{eff}) \tag{3–26}$$

而天然气水合物在固相中的体积分数为：

$$\overline{f_h} = \phi_h / (1 - \phi_{eff}) \tag{3–27}$$

最后，天然气水合物地层岩石密度ρ_b的计算公式为：

$$\rho_b = (1 - \phi)\rho_s+\phi\rho_f \tag{3–28}$$

式中，ρ_s、ρ_f分别为固相和流体的体积密度，且：

$$\rho_s = \sum_{i=1}^{m} f_i\rho_i \tag{3–29}$$

3. 天然气水合物储层正演模拟速度模型

在实际天然气水合物赋存地层中，当地层岩石孔隙中天然气水合物饱和度趋近0时，天然气水合物会悬浮于岩石孔隙流体中，微观分布模式更加接近于悬浮模式，即近似于模型A；当地层岩石孔隙中天然气水合物饱和度趋近1时，天然气水合物必然会和岩石骨架颗粒产生接触，成为岩石骨架的一部分，此时天然气水合物微观分布模式更加接近颗粒接触模式，即近似于模型B。因此，天然气水合物的微观分布模式与岩石孔隙中天然气水合物的多少关系密切，可用天然气水合物饱和度来表征。据此，能更好地反映天然气水合物微观分布模式的等效介质模型应是介于模型A和模型B之间的，为了简化模型，可将天然气水合物饱和度对于天然气水合物地层纵、横波速度的影响视为简单的线性关系，进而得到天然气水合物地层的速度模型X，其数学关系式为：

$$v_{SX}=(1-S_h)\cdot v_{SA}+S_h\cdot v_{SB} \tag{3-30}$$

$$v_{PX}=(1-S_h)\cdot v_{PA}+S_h\cdot v_{PB} \tag{3-31}$$

式中，v_{PA}、v_{PB}、v_{PX}分别为天然气水合物模型A、B、X的纵波速度；v_{SA}、v_{SB}、v_{SX}分别为天然气水合物模型A、B、X的横波速度；S_h为天然气水合物饱和度。

为了更好地对比分析上述3种天然气水合物速度模型，以下首先建立相关的天然气水合物储层模型，分析速度模型所预测的纵、横波速度随天然气水合物饱和度及孔隙度的变化规律。祁连山冻土区天然气水合物主要储集层岩性为砂岩和泥岩，而天然气水合物赋存于泥岩的裂隙中，据此选取天然气水合物储集层岩性为砂岩（祝有海等，2009；卢振权等，2010）。假设砂岩孔隙度为ϕ，根据一般砂岩骨架各矿物组分所占体积分数，结合祁连山冻土区钻探孔的岩心全岩矿物测试结果（庞守吉，2012），设置石英所占体积分数为$75(1-\phi)$，方解石所占体积分数为$5(1-\phi)$，黏土所占体积分数为$20(1-\phi)$，骨架各矿物组分、纯天然气水合物和自由水的弹性参数取值参考了前人研究的取值，具体参数取值见表3-1（Helgerud等，1999；Tinivella，1999）。利用式（3-8）和式（3-9）就可以分别正演模拟得到模型A、B条件下的纵、横波速度及密度等弹性参数，从而得到模型X条件下的纵、横波速度。

表 3-1　祁连山冻土区天然气水合物储层各组分弹性参数取值

组　分	体积模量/GPa	剪切模量/GPa	密度/（g/cm^3）
黏土	20.9	6.85	2.58
方解石	76.8	32	2.71
石英	36.6	45	2.65
天然气水合物	7.9	3.3	0.9
水	2.5	0	1

首先设置地层孔隙度恒定（ϕ=30%），分析天然气水合物地层纵、横波速度随天然气水合物饱和度的变化（图3-4）；再设置天然气水合物饱和度恒定（S_h=30%），分析天然气水合物地层纵、横波速度随地层孔隙度的变化（图3-5）。

从图3-4中可知，随着天然气水合物饱和度逐渐增大，模型A、B、X的纵、横波速度逐渐增大；当天然气水合物饱和度较低（$S_h < 50\%$）时，模型X的纵、横波速度（v_{PX}、v_{SX}）更接近于模型A的纵横波速度（v_{PA}、v_{SA}）；当天然气水合物饱和度较高（$S_h > 50\%$）时，模型X的纵横波速度（v_{PX}、v_{SX}）更接近于模型B的纵横波速度（v_{PB}、v_{SB}）。从图3-5中可知，随着地层孔隙度逐渐增大，模型A、B、X的纵、横波速度逐渐减小；模型X的纵、横波速度与模型A的纵、横波速度较为接近，更接近于悬浮模式。

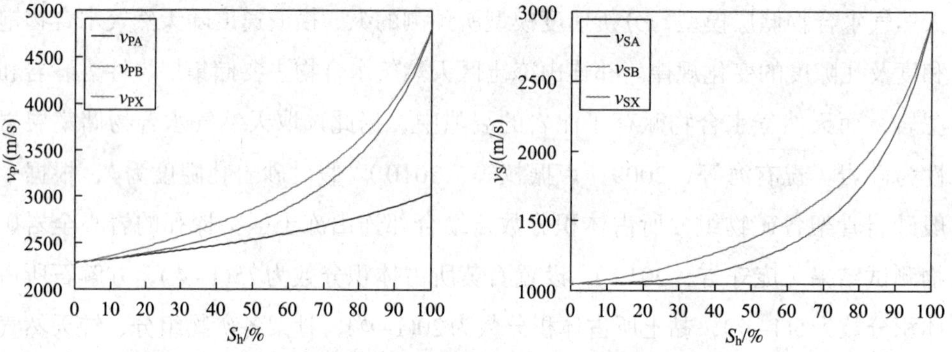

图3-4　天然气水合物地层纵、横波速度随饱和度变化曲线（ϕ=30%）

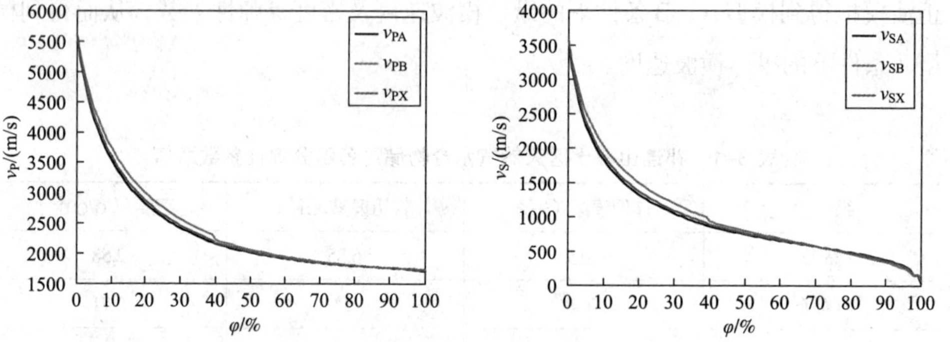

图3-5　天然气水合物地层纵、横波速度随地层孔隙度变化曲线（S_h=30%）

从以上分析可知，模型X比模型A和模型B更能够体现出天然气水合物饱和度对天然气水合物微观分布模型的影响，使得预测的纵、横波速度相对更加接近实际情况。据此，选取速度模型X作为祁连山冻土区天然气水合物储层的正演模拟速度模型。根据祁连山冻土区天然气水合物的实际赋存状态，改变储层的厚度、孔隙度、天然气水合物饱和度，利用建立的正演模拟速度模型X便可以正演模拟得到不同天然气水合物储层的弹性参数（纵波速度、横波速度、密度），为开展相关AVO正演模拟工作奠定了基础。

4. 天然气水合物储层基本模型

为了开展祁连山冻土区天然气水合物AVO正演模拟研究，需要建立符合研究区地质特征的地层模型，其关键是确定天然气水合物储层顶、底层（上覆冻土层、下伏泥岩层）准确的纵、横波速度及密度信息。在缺乏实验室岩心测试数据的情况下，利用研究区天然气水合物钻探孔的原位测井数据来确定地层物性参数是了解储层特征的直接方法。

根据一般冻土层的物性参数变化范围，结合祁连山冻土区DK-1孔冻土层的测井曲线（图3-6），选取上覆冻土层的密度ρ=2.55g/cm^3，纵波速度v_P=4500m/s，横波速度v_S=2500m/s。

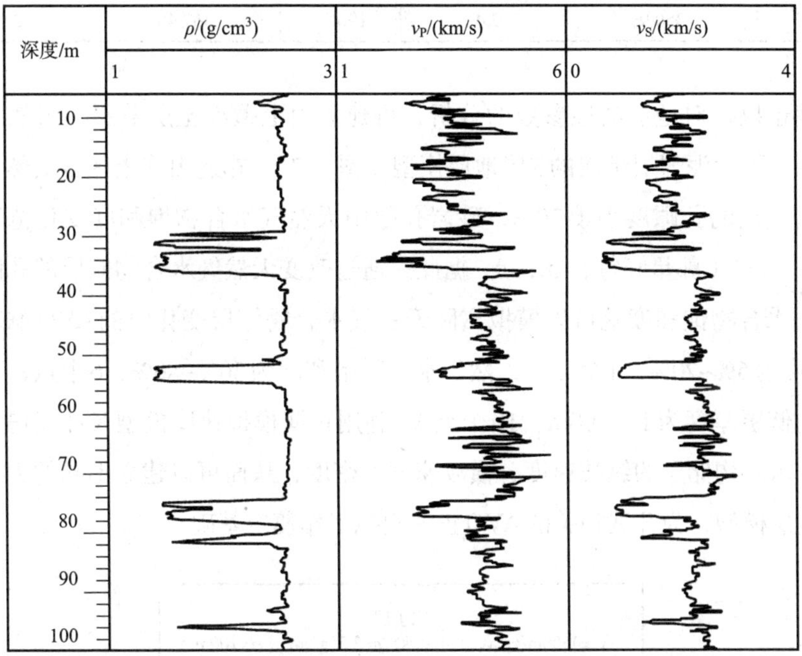

图3-6 DK-1孔冻土层测井曲线（据Zhu等，2010，有改动）

对于下伏泥岩层，根据祁连山冻土区DK-3孔典型泥岩层的测井数据（表3-2）可知：声波时差值为345~367μs/m，取平均值作为下伏泥岩层的纵波速度v_P=2800m/s；横波速度（v_S=1240m/s）由经典泥岩线公式v_S=0.862v_P−1172转换得到（Castagna等，1985）；密度值为2.41~2.45g/cm^3，取平均值作为下伏泥岩层的密度（ρ=2.43g/cm^3）。

表3-2　DK-3孔典型泥岩层测井数据（据郭星旺，2011）

深度/m	声波时差/（μs/m）	密度/（g/cm^3）	深度/m	声波时差/（μs/m）	密度/（g/cm^3）
195.05	345.78	2.43	195.55	353.36	2.41
195.1	353.29	2.45	195.6	356.77	2.41
195.15	357.98	2.45	195.65	360.17	2.41
195.2	359.7	2.45	195.7	362.56	2.41
195.25	358.89	2.45	195.75	363.16	2.41
195.3	356.42	2.44	195.8	361.54	2.42
195.35	353.42	2.44	195.85	357.7	2.42
195.4	351.01	2.43	195.9	351.98	2.42
195.45	350.05	2.42	195.95	345.03	2.41
195.5	350.9	2.42	196.95	367.45	2.41

基于以上对地层物性参数的分析，可建立由上覆冻土层盖层、天然气水合物储层、下伏泥岩层组成的3层地层模型（图3-7）。祁连山冻土区含天然气水合物砂岩地层的孔隙度小于20%，砂岩孔隙中天然气水合物饱和度变化范围主要为30%~80%（郭星旺等，2011）。据此，通过改变天然气水合物储层的孔隙度和天然气水合物饱和度就可以模拟实际天然气水合物储层变化时的AVO响应特征（孔隙度为5%~20%，4个点；天然气水合物饱和度为30%~80%，6个点；天然气水合物储层厚度为10~100m，10个点）。利用正演模拟速度模型X计算得到不同天然气水合物储层的纵波速度、横波速度、密度，从而可以建立不同的天然气水合物地层模型，为开展相关的AVO正演模拟工作奠定基础。

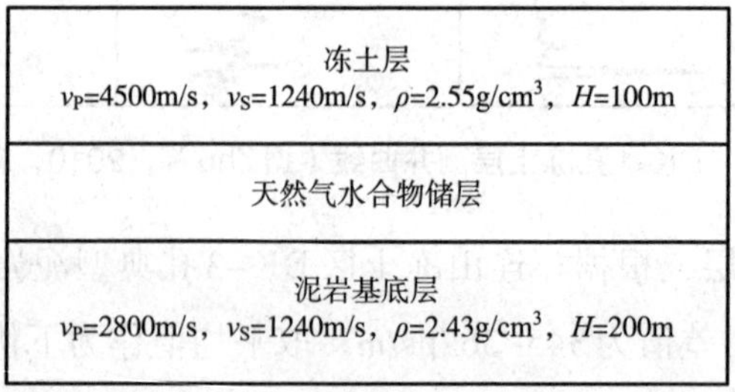

图3-7　祁连山冻土区天然气水合物三层盖储模型

第3节　AVO正演响应规律

AVO属性分析技术主要通过使用交会图方法分析不同AVO属性异常所代表的地下不同地层岩性和流体组合的差异特征，从而实现对不同烃类的直接检测和识别。在AVO正演模拟结果的展示方面，国内外学者较多使用纵、横波速度比及纵、横波阻抗或泊松比、岩石模量等参数制作交会图，而上述参数都需要对AVO截距和斜率进行进一步计算和处理，需要具备较多的岩石物理知识。因此，本节直接使用AVO截距和斜率制作交会图用其分析不同天然气水合物储层性质（孔隙度、层厚、天然气水合物饱和度）的AVO响应规律是非常直观方便的（张聿文等，2004；何涛等，2011）。此外，还分析了天然气水合物储层顶、底分界面反射系数随入射角的变化特征，为叠前地震资料的AVO分析与天然气水合物储层识别提供参考。

1. AVO属性提取

根据祁连山冻土区天然气水合物实际赋存状况，建立不同赋存状态的层状天然气水合物储层模型，利用Shuey近似式进行天然气水合物AVO正演模拟，提取其AVO属性进行对比分析。子波采用零相位的雷克子波，子波主频为30Hz。

以天然气水合物储层孔隙度为20%、天然气水合物饱和度为80%的情况为例，图3-8显示了不同储层厚度的顶、底界面合成地震记录结果。从图中可知，在合成记录没有噪声的情况下，顶、底界面的合成地震记录上面具有明显的AVO异常响应。对于顶界面，天然气水合物储层厚度对界面反射振幅的影响不大，0°~45°范围均出现强反射振幅同相轴，指示为天然气水合物储层与冻土层

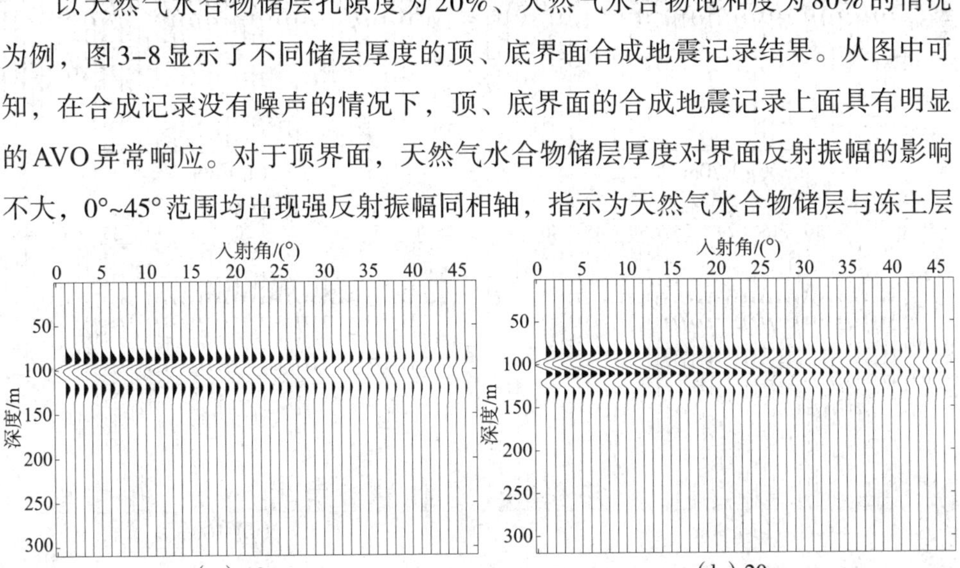

（a）10m　　（b）20m

图3-8　孔隙度为20%、天然气水合物饱和度为80%时的合成地震记录

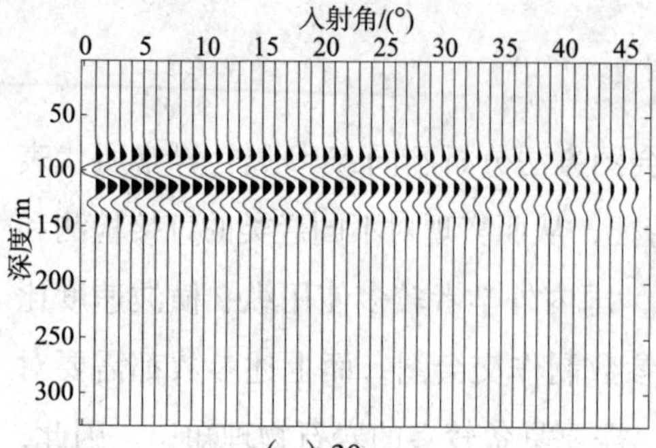

(c) 30m

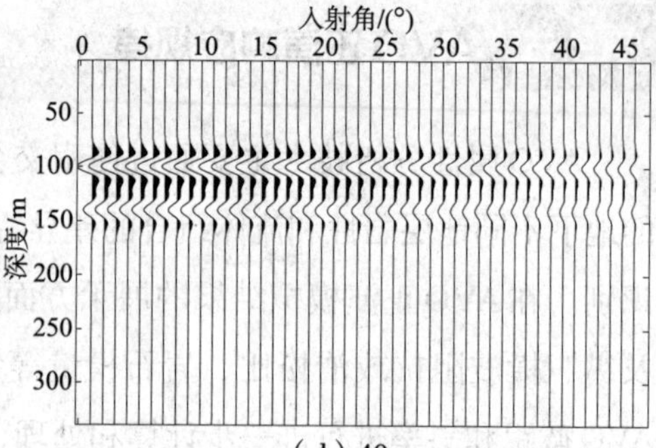

(d) 40m

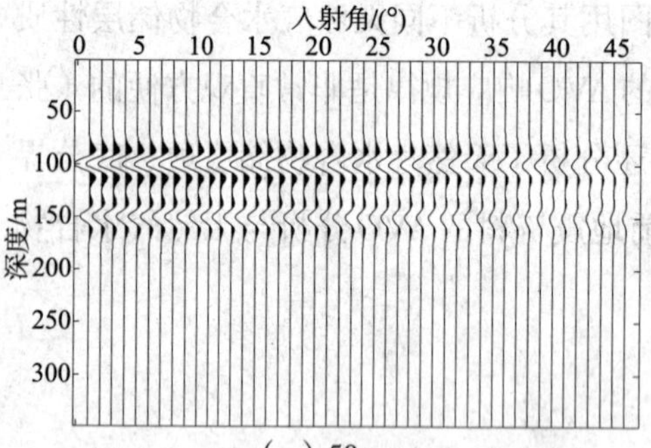

(e) 50m

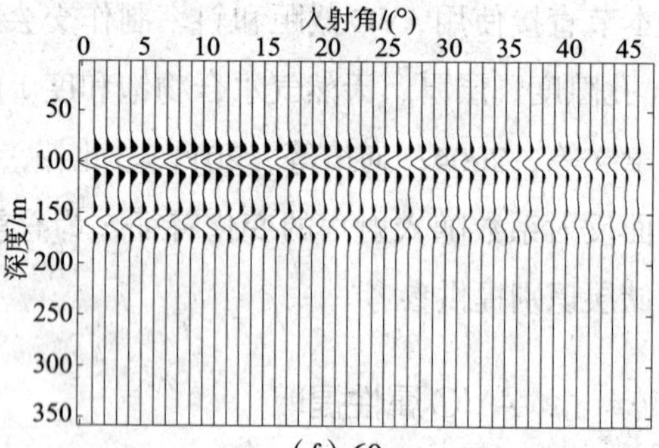

(f) 60m

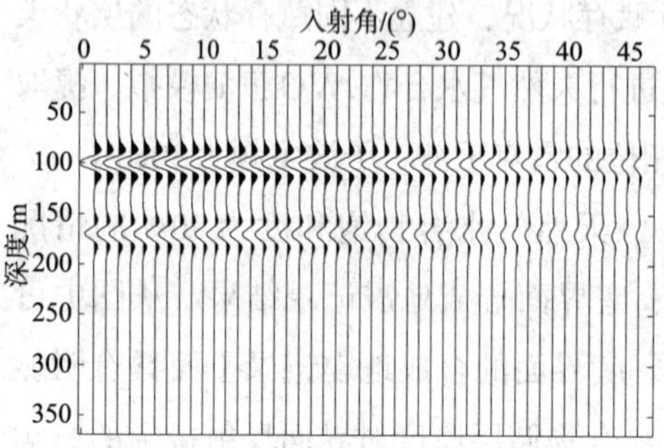

(g) 70m

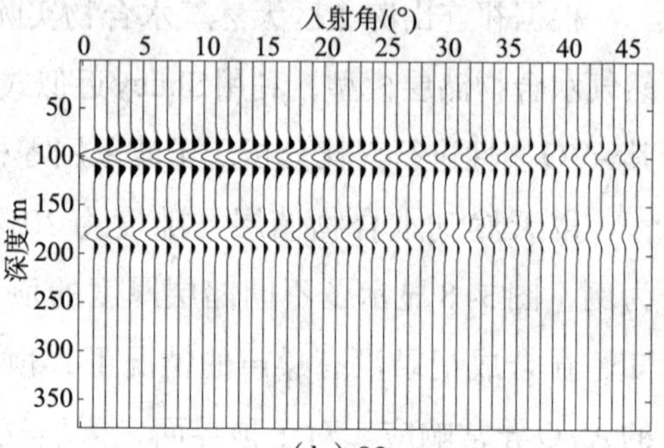

(h) 80m

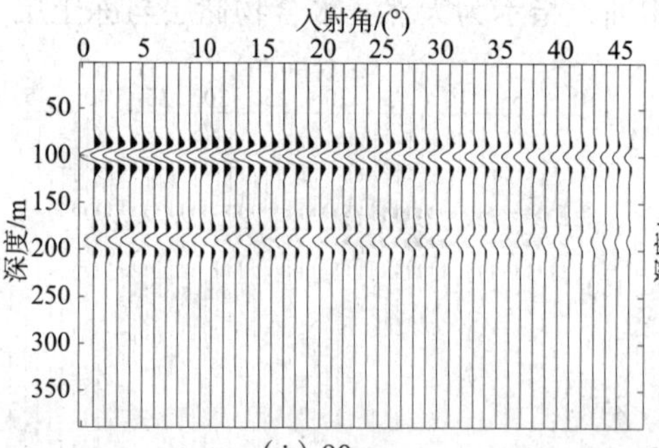

(i) 90m

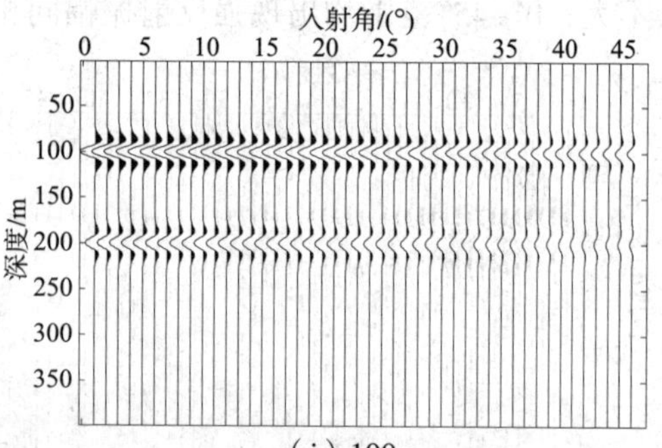

(j) 100m

图3-8 孔隙度为20%、天然气水合物饱和度为80%时的合成地震记录（续）

的分界面。对于底界面，随着天然气水合物储层厚度增加，界面反射振幅逐渐增大，在40m左右达到峰值，此后天然气水合物储层厚度对AVO异常的影响可以忽略不计。

对上述240个地层模型分别进行反射波振幅随入射角变化的平面波地震合成，完成全部设计地层模型的道集合成，总共模拟生成了240个AVO数据点。在合成的叠前地震道集上提取储层的反射波振幅随入射角变化的反射系数（R_{pp}），并计算AVO基本属性（截距A、斜率B），从而为开展AVO正演响应规律研究提供基础数据。

2. 斜率、截距特征

在AVO基本属性（截距A和斜率B）交会图上，祁连山冻土区天然气水合物储层正演模拟结果显示了一定的AVO异常，对天然气水合物储层孔隙度、厚度和天然气水合物饱和度的变化体现出不同的特征。

在按天然气水合物储层孔隙度进行颜色编码的天然气水合物储层顶界面的AB交会图上，储层孔隙度对截距A和斜率B投点的分布区间起到了一定的控制作用：各孔隙度对应的投点占据着不同的空间，各孔隙度之间基本不混染；随着天然气水合物储层孔隙度的增大，截距A从正值逐渐变为负值，斜率B从负值逐渐变为正值，整体呈现逆时针的旋转样式，AVO异常从第一类跳变到第三类［图3-9（a）］。当天然气水合物储层孔隙度为5%时，A、B投点从第一类异常跳变到第三类异常，并以此为界发生跳变；当天然气水合物储层孔隙度为10%~20%时，A、B投点整体属于第三类异常。

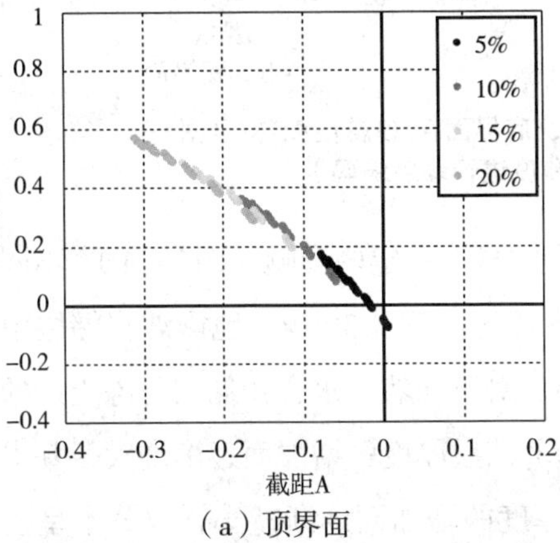

（a）顶界面

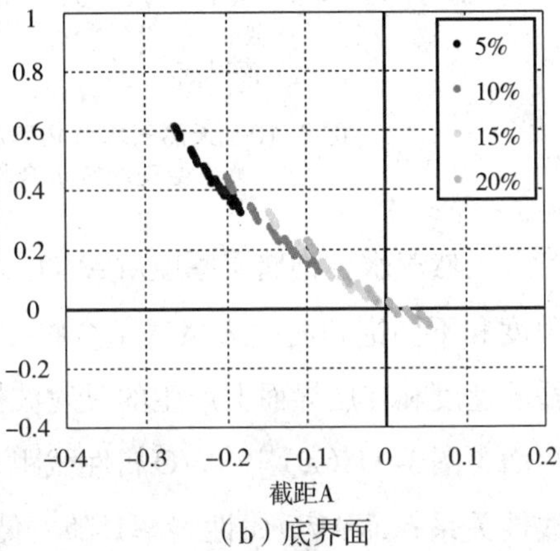

（b）底界面

图3-9　天然气水合物储层顶、底界面AVO属性AB交会图（按孔隙度进行颜色编码）

在按天然气水合物储层孔隙度进行颜色编码的天然气水合物储层底界面的AB交会图上，储层孔隙度对截距A和斜率B投点的分布区间也起到一定的控制作用：各个孔隙度对应的投点占据着不同的空间，各孔隙度之间基本不混染；随着天然气水合物储层孔隙度的增大，截距A从负值逐渐变为正值，斜率B从正值逐渐变为负值，整体呈现顺时针的旋转样式，AVO异常从第三类逐渐过渡到第四、第一类［图3-9（b）］。当天然气水合物储层孔隙度为5%~15%时，A、B投点整体属于第三类异常；当天然气水合物储层孔隙度为20%时，A、B投点从第三类异常逐步过渡到第四、第一类异常。

在同一孔隙度区域上，当天然气水合物饱和度从30%变化到80%时，储层顶、底界面的AVO属性随饱和度的变化呈现出连续过渡态势，区分空间很小（图3-10）。由于流体性质并未发生变化，因此对于A、B投点的分布区间影响不大，天然气水合物饱和度为30%和80%时的AVO属性分别位于两端，控制着AVO异常分布范围。

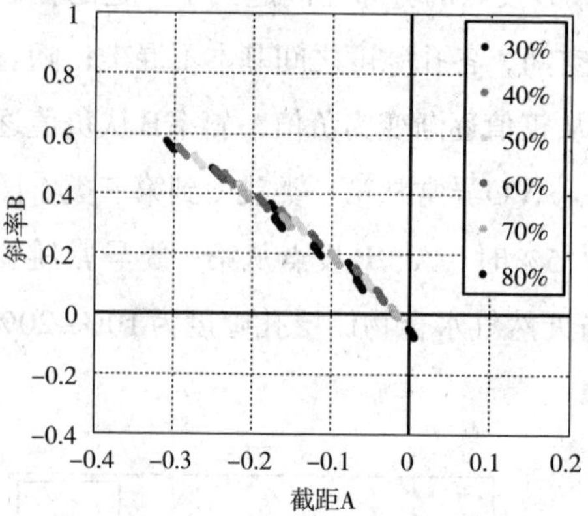

（a）顶界面

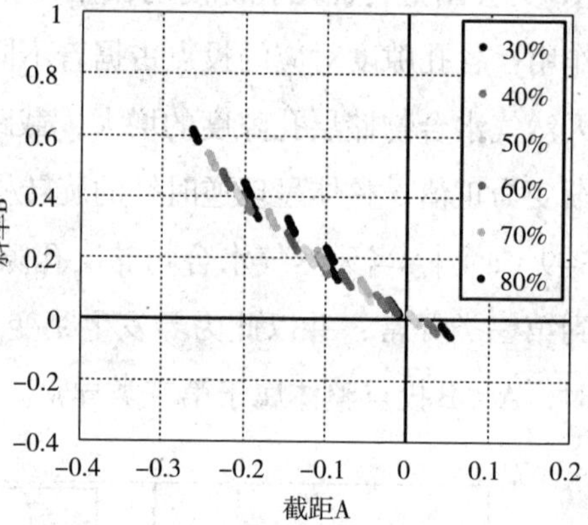

（b）底界面

图3-10　天然气水合物储层顶、底界面AVO属性AB交会图
（按天然气水合物饱和度进行颜色编码）

天然气水合物储层厚度对AVO属性异常具有一定的影响（图3-11）。不同孔隙度和不同饱和度的天然气水合物控制着固定频率（30Hz）地震波在储层中传播的速度和在层界面上产生的反射波振幅。对于天然气水合物储层与冻土层的分界面［图3-11（a）］，AVO属性截距A随着储层厚度的增加而逐渐增大，基本呈线性关系；而AVO属性斜率B随着储层厚度的增加而逐渐减小，也基本呈线性关系。对于天然气水合物储层与下伏泥岩层的分界面［图3-11（b）］，AVO属性截距A随着储层厚度的增加而逐渐减小，基本呈线性关系；而AVO属性斜率B随着储层厚度的增加而逐渐增大，也基本呈线性关系。

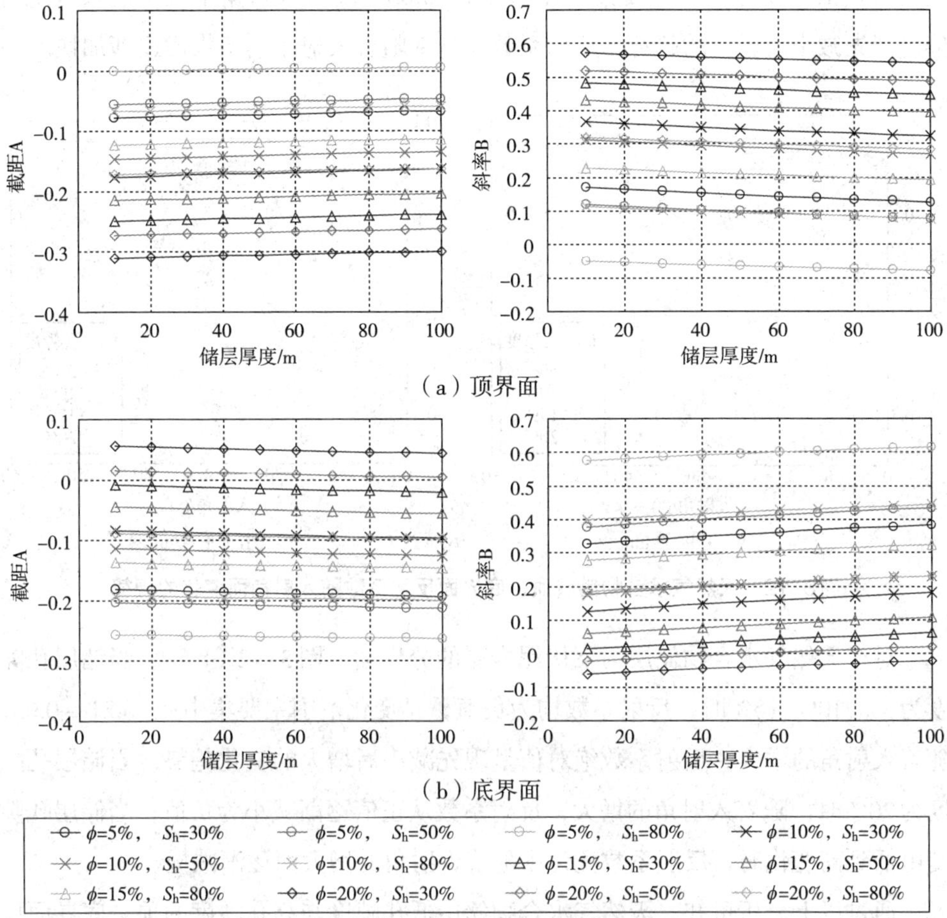

图 3–11　天然气水合物储层顶、底界面 AVO 属性随储层厚度的变化

3. 反射系数特征

天然气水合物储层顶、底界面反射系数随入射角、天然气水合物饱和度、储层孔隙度及厚度的变化而呈现不同特征，分析其理论曲线的变化规律有利于进行实际叠前地震资料的AVO分析与天然气水合物储层识别。

为了分析天然气水合物储层孔隙度变化对反射系数的影响，设定天然气水合物饱和度为50%，储层厚度为50m，将储层孔隙度设定为由低到高变化，依此为5%、10%、15%、20%，得到储层孔隙度变化时顶、底界面反射系数随入射角的变化规律（图3–12）。对于天然气水合物储层与冻土层的分界面［图3–12（a）］，当储层孔隙度由低到高变化时，反射系数随入射角的变化呈现如下规律：反射系数均为负值，变化范围主要集中在–0.26~–0.03；随着入射角增大反射系数绝对值呈现先减小后增大的趋势；反射系数变化率随着入射角的增大而逐渐加快。

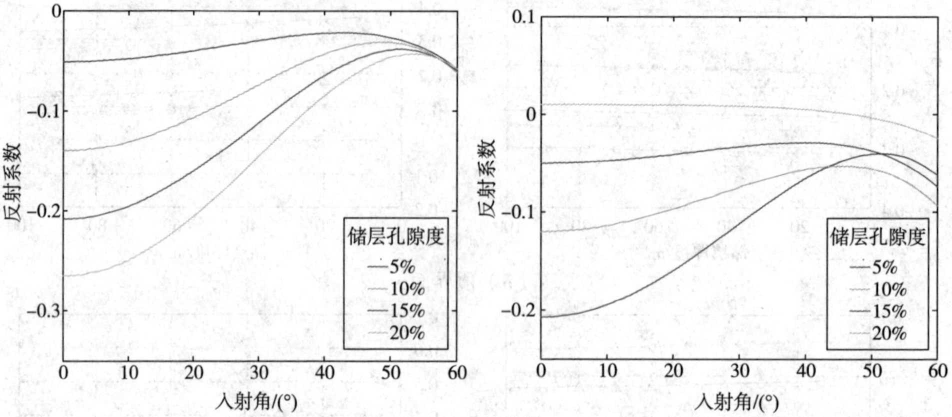

（a）顶界面　　（b）底界面

图3–12　天然气水合物储层顶、底界面反射系数随入射角而变化的规律

对于天然气水合物储层与下伏泥岩层的分界面［图3–12（b）］，当储层孔隙度为5%、10%、15%时，反射系数均为负值，且变化范围主要集中在–0.21~–0.05，随着入射角的增大，反射系数绝对值呈现先减小后增大的变化趋势；当储层孔隙度为20%时，随着入射角的增大，反射系数从正值逐渐减小为负值；当储层孔隙度由低到高变化时，反射系数变化率随着入射角的增大而逐渐减慢。

通过以上分析可知，天然气水合物储层低孔隙度与高孔隙度的顶、底界面反射系数随入射角的变化趋势不同，变化率呈现相反的特征，顶界面变化范围相对更大。

为了分析储层天然气水合物饱和度变化对反射系数的影响，设定储层孔隙度为10%，储层厚度为50m，将天然气水合物饱和度设定由为低到高变化，依次为30%、40%、50%、60%、70%、80%，得到储层天然气水合物饱和度变化时顶、底界面反射系数随入射角的变化规律（图3–13）。从图中可知，当储层由低天然气水合物饱和度到高天然气水合物饱和度变化时，反射系数随入射角的变化呈现如下规律：顶、底界面的反射系数均为负值，且反射系数随入射角而变化的趋势是相同的，顶、底界面的反射系数绝对值随入射角的增大均呈先减小后增大的趋势；顶、底界面的反射系数变化率不同，顶界面反射系数变化率随入射角的增大而逐渐减慢，而底界面反射系数变化率逐渐加快，变化率呈现相反特征；顶、底界面的反射系数值存在一定差异，顶界面反射系数的变化范围主要集中在-0.17~-0.04，而底界面反射系数的变化范围主要集中在-0.2~-0.02，变化范围比顶界面大。

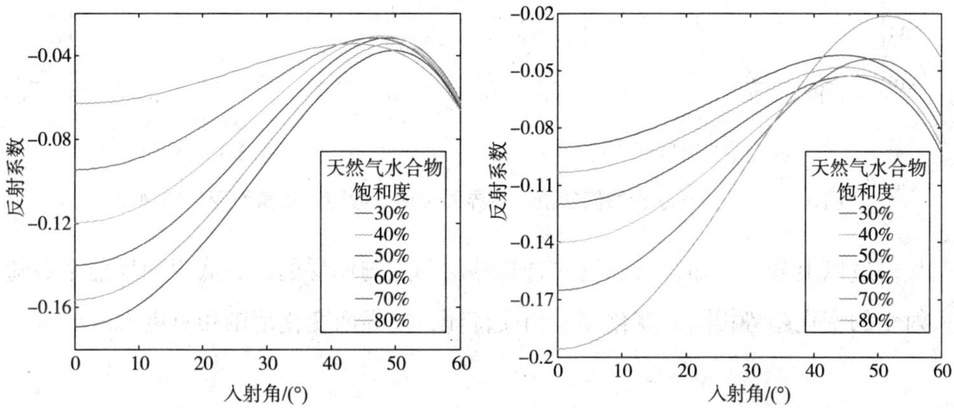

（a）顶界面　　（b）底界面

图3-13　天然气水合物储层顶、底界面反射系数随入射角而变化的规律

通过以上分析可知，储层低天然气水合物饱和度与高天然气水合物饱和度的顶、底界面反射系数随入射角的变化趋势相似，变化率呈现相反特征，底界面变化范围相对更大。

为了分析天然气水合物储层厚度变化对反射系数的影响，设定储层天然气水合物饱和度为50%，储层孔隙度为10%，将储层厚度设定为由薄层到厚层变化，依此为10m、30m、50m、70m、90m，得到储层厚度变化时顶、底界面反射系数随入射角的变化规律（图3-14）。从图中可知，当储层厚度逐渐增大时，反射系数随入射角的变化呈现如下规律：顶、底界面的反射系数均为负值，且反射系数随入射角而变化的趋势是相同的，顶、底界面的反射系数绝对值随入射角的增大均呈现先减小后增大的趋势；顶、底界面的反射系数变化率不同，顶界面反射系数变化率随着入射角的增大逐渐减慢，而底界面反射系数变化率逐渐加快，变化率呈现相反特征；顶、底界面的反射系数存在一定差异，顶界面反射系数的变化范围主要集中在-0.14~-0.03，而底界面反射系数的变化范围主要集中在-0.12~-0.05，变化范围对顶界面小。

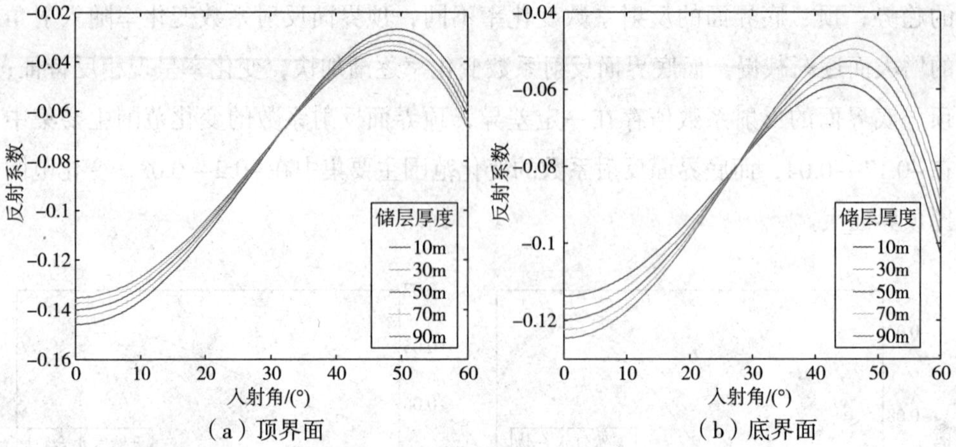

图3-14　天然气水合物储层顶、底界面反射系数随入射角而变化的规律

通过以上分析可知，天然气水合物储层薄层与厚层的顶、底界面反射系数随入射角的变化趋势相同，变化率呈相反特征，顶界面变化范围相对更大。

第4节　弹性参数敏感性

储层预测是地震勘探中一项重要内容，本节以不同天然气水合物储层模型正演结果为基础，分别对识别储层和区分地层岩性的弹性参数敏感性进行了分析，从AVO数值模拟的角度提出了较优的弹性参数交会图识别天然气水合物储层和区分岩性方案。

1. 天然气水合物储层敏感参数识别

由不同天然气水合物储层模型的纵波速度v_P、横波速度v_S和密度ρ，可计算出下列动态弹性参数及其组合参数：

（1）纵波波阻抗Z_P：

$$Z_P=\rho v_P \tag{3-32}$$

（2）横波波阻抗Z_S：

$$Z_S=\rho v_S \tag{3-33}$$

（3）泊松比σ：

$$\sigma=\frac{v_P^2-2v_S^2}{2v_P^2-2v_S^2} \tag{3-34}$$

（4）拉梅常数λ：

$$\lambda = \rho(v_{\mathrm{P}}^2 - 2v_{\mathrm{S}}^2) \tag{3-35}$$

（5）剪切模量μ：

$$\mu = \rho v_{\mathrm{S}}^2 \tag{3-36}$$

（6）体积模量K：

$$K = \rho(v_{\mathrm{P}}^2 - \frac{4}{3}v_{\mathrm{S}}^2) \tag{3-37}$$

（7）杨氏模量E：

$$E = \frac{\rho v_{\mathrm{S}}^2(3v_{\mathrm{P}}^2 - 4v_{\mathrm{S}}^2)}{v_{\mathrm{P}}^2 - v_{\mathrm{S}}^2} \tag{3-38}$$

（8）组合参数λ/μ：

$$\lambda/\mu = (\frac{v_{\mathrm{P}}}{v_{\mathrm{S}}})^2 - 2 \tag{3-39}$$

（9）组合参数K/μ：

$$K/\mu = (\frac{v_{\mathrm{P}}}{v_{\mathrm{S}}})^2 - \frac{4}{3} \tag{3-40}$$

利用上述9个弹性参数就可以开展天然气水合物响应参数分析，为了定量评价各参数对不同天然气水合物饱和度储层的敏感程度，在此定义弹性参数的相对变化量A，具体定义式如下：

$$A = \frac{X_{\mathrm{H}} - X_{\mathrm{L}}}{X_{\mathrm{L}}} \tag{3-41}$$

式中，X_{H}、X_{L}分别为地层孔隙中含有高饱和度、低饱和度天然气水合物时的弹性参数值。

相对变化量的绝对值越大，说明该弹性参数对天然气水合物储层变化越敏感，分辨天然气水合物储层的能力越强。

根据祁连山冻土区实际地层孔隙度的变化情况，选取孔隙度为5%用以分析地层低孔隙度情况下不同天然气水合物饱和度的储层敏感参数［图3–15（a）］，选取孔隙度为20%用以分析地层高孔隙度情况下不同天然气水合物饱和度的储层敏感参数［图3–15（b）］。从图3–15中可知，在储层孔隙度固定的情况下，随着储层厚度增加，各弹性参数的相对变化量逐渐增大，说明对天然气水合物饱和度变化的响应增强。随着天然气水合物饱和度从30%增加到80%，低孔隙度储层μ和E具有最大的相对变化量，对天然气水合物饱和度变化响应最显著，分辨天然气水合物的能力最强，而λ/μ次之；高孔隙度储层μ和E具有最大的相对变化量，对天然气水合物饱和度变化响应明显，分辨天然气水合物的能力最强，而K和Z_S次之。

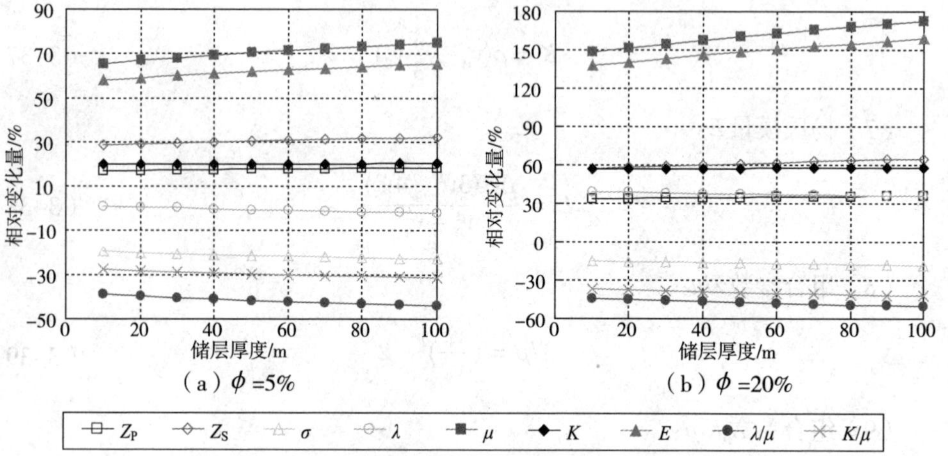

图3–15　各弹性参数相对变化量随储层厚度的变化

根据祁连山冻土区实际天然气水合物储层厚度的变化情况，选取储层厚度为10m用以分析薄层情况下不同天然气水合物饱和度的储层敏感参数［图3–16（a）］，选取储层厚度为100m用以分析厚层情况下不同天然气水合物饱和度的储层敏感参数［图3–16（b）］。从图3–16中可知，在储层厚度固定的情况下，随

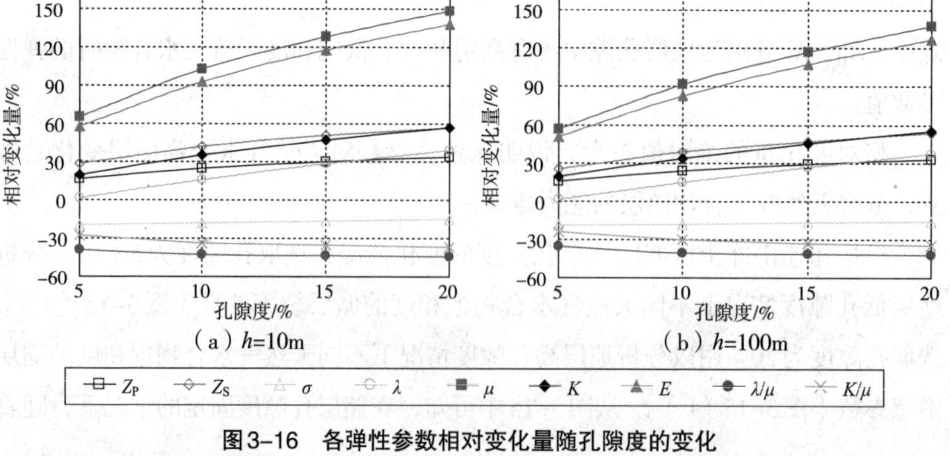

图3–16　各弹性参数相对变化量随孔隙度的变化

着储层孔隙度增加，各弹性参数的相对变化量逐渐增大，说明对天然气水合物饱和度变化的响应增强。天然气水合物储层分别为薄层、厚层时，随着天然气水合物饱和度从30%增加到80%，μ和E具有最大的相对变化量，对天然气水合物饱和度变化响应最显著，分辨天然气水合物的能力最强，而K和Z_S次之。

综上分析可知，在祁连山冻土区储层厚度和孔隙度的增大，对于天然气水合物饱和度的变化具有增强效应；对于天然气水合物饱和度变化响应最敏感的弹性参数为μ和E，可以作为该地区利用地震资料识别和评价天然气水合物储层的有利参数。

将优选出的天然气水合物储层敏感参数μ和E组成交会图识别参数对，用以验证对天然气水合物饱和度变化的敏感性。图3-17显示了储层高、低孔隙度的μ-E交会图对天然气水合物饱和度变化的识别能力。从图中可知，各状态下的天然气水合物储层模型分区明显，不存在交叉混染区，对天然气水合物饱和度变化响应明显。随着储层厚度的增大，μ和E变化较小，对天然气水合物饱和度变化的影响不大，这是因为厚度变化对这些弹性参数的大部分作用可以在交会图中抵消掉。随着地层孔隙度的增大，μ和E快速减小，区分天然气水合物饱和度变化的能力迅速增加。

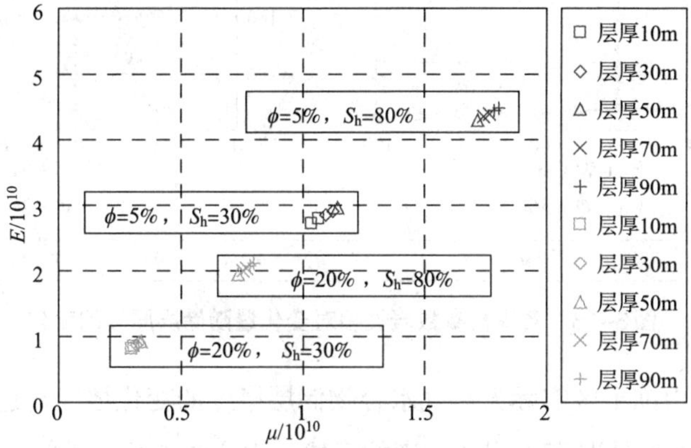

图3-17 μ-E交会图识别储层天然气水合物饱和度

2. 岩性区分敏感参数

为了定量评价各弹性参数对天然气水合物储层岩性与围岩的敏感程度，在此定义弹性参数的相对变化量LA来表征岩性敏感区分标准，具体定义式如下：

$$LA=(X_M-X_S)/X_M \quad (3\text{-}42)$$

式中，X_S、X_M分别为水合物储层孔隙中含高饱和度天然气水合物的弹性参数值、下伏地层饱水泥岩的弹性参数值，二者相对变化量LA的绝对值越大，说明该弹性参数对岩性变化越敏感，分辨能力越强，是区分岩性的敏感参数。

根据祁连山冻土区实际地层孔隙度及天然气水合物饱和度的变化情况，选取天然气水合物饱和度为80%作为储层高饱和度情况，取孔隙度为5%用以分析储层低孔隙度情况下不同储层厚度的岩性敏感参数［图3–18（a）］，取孔隙度为20%用以分析储层高孔隙度情况下不同储层厚度的岩性敏感参数［图3–18（b）］。从图中可知，在储层孔隙度固定不变的情况下，随着储层厚度增加，各弹性参数的相对变化量逐渐增加，说明对岩性变化的响应增强。储层分别为高、低孔隙度时，μ和E具有最大的相对变化量，对储层岩性变化响应最显著，分辨地层岩性的能力最强，而K、Z_S、λ/μ次之。

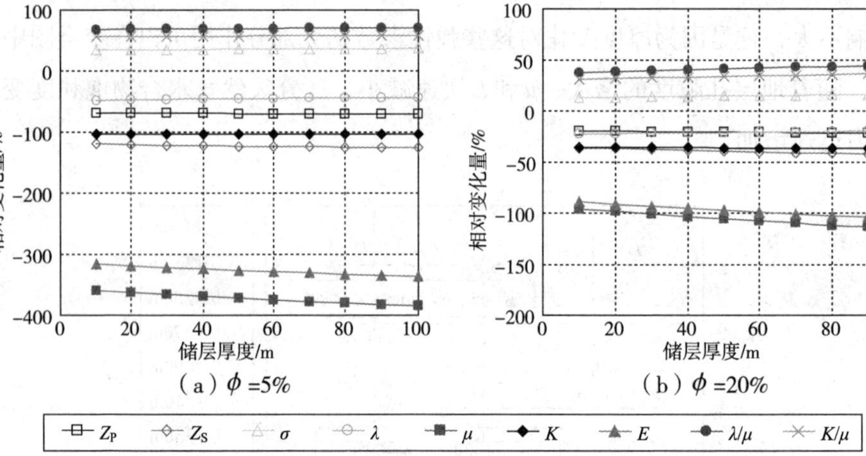

图3–18　各弹性参数岩性相对变化量随储层厚度的变化

根据祁连山冻土区实际天然气水合物储层厚度的变化情况，选取储层厚度为10m用以分析薄层情况下不同孔隙度的天然气水合物地层岩性敏感参数［图3–19（a）］，选取储层厚度为100m用以分析厚层情况下不同孔隙度的天然气水合物地层岩性敏感参数［图3–19（b）］。从图中可知，在储层厚度固定的情况下，随着地层孔隙度增加，各弹性参数的相对变化量逐渐减小，说明对天然气水合物地层岩性的响应减弱。储层分别为薄层、厚层时，μ和E具有最大的相对变化量，对储层地层岩性变化响应最显著，分辨地层岩性的能力最强，而K、Z_S、λ/μ次之。

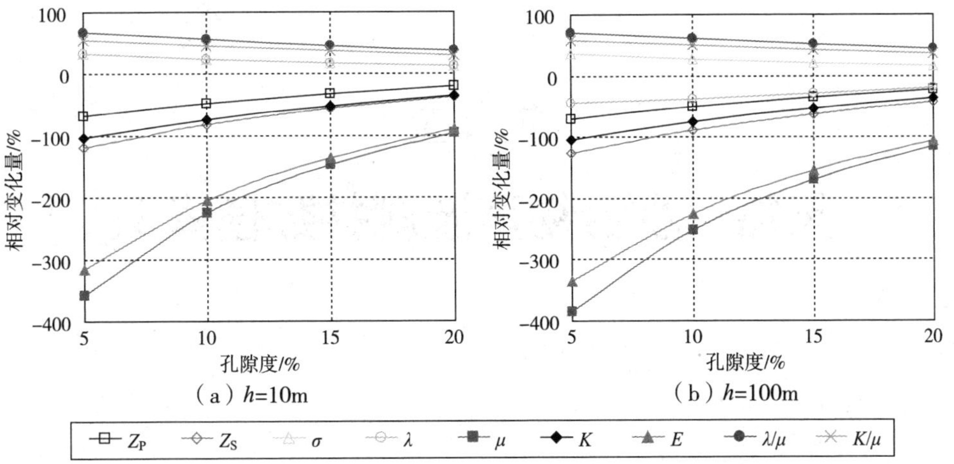

图3-19 各弹性参数岩性相对变化量随孔隙度的变化

从图3-19可知，含有密度属性的单参数Z_P、Z_S、λ、μ、E、K等的岩性相对变化量与孔隙度之间存在强的正相关关系，而σ及其组合参数K/μ和λ/μ的岩性相对变化量与孔隙度之间为负相关关系。因此，从这两套变化趋势不同的参数中各选一个相对变化量最大的参数做交会图是区分岩性的最佳选择。故选出μ和λ/μ作为地层岩性区分的敏感参数，图3-20显示了μ-λ/μ交会图对地层岩性变化的区分能力。从图中可知，各状态下的天然气水合物模型岩性分区明显，不存在交叉混染区，对砂、泥岩的识别能力很好。随着天然气水合物储层厚度的增大，μ和λ/μ变化较小，对地层岩性的响应不大，因为厚度变化对这些弹性参数影响大部分可以在交会图中抵消掉。随着地层孔隙度的增大，μ快速减小而λ/μ快速增加，区分地层岩性变化的能力迅速减小。

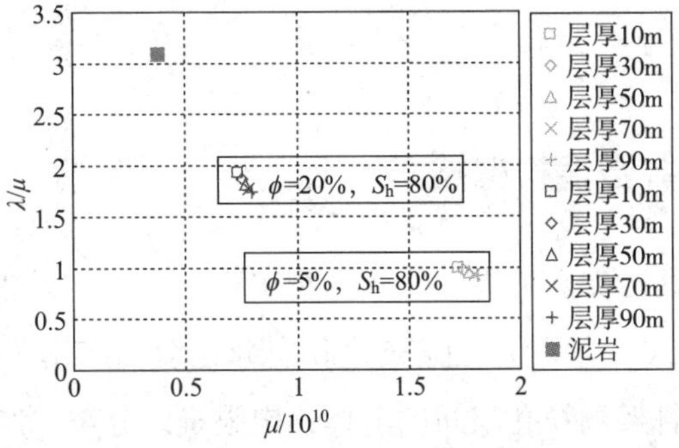

图3-20 μ–λ/μ交会图识别砂、泥岩

第4章

天然气水合物声波测井数值模拟

对于不同赋存类型的天然气水合物储层（孔隙型储层、裂缝型储层），如果均采用各向同性孔隙介质的速度模型来反演，天然气水合物饱和度将会产生较大误差。为了给祁连山冻土区天然气水合物储层测井识别与天然气水合物饱和度的求取提供技术支持，同时也为该地区天然气水合物资源量的评价提供参考，针对该区不同赋存类型的天然气水合物储层，采用合理的速度模型开展声波速度特征分析与天然气水合物饱和度估算研究显得尤为重要。本章利用超声波成像测井图像和钻井岩心资料分析了天然气水合物赋存的储层特征（孔隙型储层、裂缝型储层）；利用基于等效介质理论的弹性波速度模型正演模拟了祁连山冻土区孔隙型天然气水合物储层的声波速度特征，并将模拟结果与基于双相介质理论的弹性波速度模型进行了对比研究；利用两端元层状介质模型正演模拟了祁连山冻土区裂缝型天然气水合物储层的声波速度特征；最后利用孔隙型和裂缝型天然气水合物储层正演模拟得到的声波速度，反演估算了天然气水合物饱和度。

第1节 声波测井数值模拟技术

在祁连山冻土区已钻获的天然气水合物实物样品中，天然气水合物存在两种明显不同的产出方式，分别为孔隙充填和裂缝充填。产出于孔隙空间的天然气水合物驱替了岩石骨架颗粒孔隙间的流体，肉眼难以分辨；产出于裂缝内的天然气水合物并不占据孔隙空间，而是迫使地层岩石张开形成裂缝并充填其中，呈肉眼可见的白色冰状薄层（Max等，2006；祝有海等，2009；卢振权等，2010；

Collett 等，2011）。

当储层岩性为砂岩，且地层裂缝发育较少时，天然气水合物则会以浸染状充填于砂岩孔隙中，关于孔隙型天然气水合物储层的声波速度特征，国外学者对海域天然气水合物的相关研究较早，根据等效介质理论、自适应理论和接触介质理论等相关孔隙介质理论，建立了不同的正演模拟速度模型，提出了基于等效介质理论、双相介质理论和三相介质理论的弹性波速度模型。由于基于等效介质理论的弹性波速度模型兼顾了波传播介质的微观和宏观两个方面，具有相对较广的使用范围，故针对祁连山冻土区孔隙充填型天然气水合物储层，本章选用基于等效介质理论的弹性波速度模型展开分析。

由于基于双相介质理论和三相介质理论的弹性波速度模型在正演模拟弹性波速度时需要设定的参数过多，且参数求取相对困难，因而在实际应用中存在一定的限制。为了将基于等效介质理论的弹性波速度模型的正演模拟结果与其他方法进行比较，本章选取了利用双相介质理论的弹性波速度模型对祁连山冻土区天然气水合物储层的声波速度特征进行了对比分析。

当赋存层段裂缝较发育时，天然气水合物通常以网状、结核状或脉状充填于地层岩石的裂缝中。由于含天然气水合物层段的裂缝倾角一般较陡，且裂缝的发育分布通常受区域构造主应力的控制，故一般呈定向排列，从而导致天然气水合物赋存层段出现各向异性特征。此时，如果使用孔隙型储层模型，假设天然气水合物均匀充填于各向同性的岩石孔隙中，将正演模拟得到的速度用于天然气水合物饱和度反演会产生较大误差（Lee 和 Collett，2009；Lee，2009；王吉亮等，2013）。

对于定向排列裂缝导致的地层各向异性，科研人员提出了多种简化模型，主要包括层状介质模型（White、Angona，1955）、裂缝嵌于孔隙介质模型（Eshelby，1957；Walsh，1969）、周期性薄互层与扩容模型（Yang、Zhang，2002）等。针对裂缝型天然气水合物储层，部分学者已利用两端元的层状介质模型对墨西哥湾和印度半岛产出于裂缝的天然气水合物进行了声波速度特征模拟和饱和度估算研究，取得了较好的应用效果。因此，针对祁连山冻土区裂缝充填型天然气水合物储层，本章选用两端元的层状介质模型来展开相关分析。

1. 孔隙型储层数值模拟

1）声波速度正演模拟

为了利用基于等效介质理论的弹性波速度模型开展孔隙型天然气水合物储层声波测井数值模拟研究，并将正演模拟结果与基于双相介质理论的弹性波速度模型对比分析，选择Domenico以双相介质理论为基础建立的弹性波速度模型来进行相关正演模拟工作。其速度模型关系式为：

$$v_{\mathrm{P}}=\left\{\left[\left(\frac{1}{C_{\mathrm{m}}}+\frac{4}{3}\mu\right)+\frac{\frac{\phi_{\mathrm{eff}}}{k}\frac{\rho_{\mathrm{m}}}{\rho_{\mathrm{f}}}+\left(1-\beta-2\frac{\phi_{\mathrm{eff}}}{k}\right)(1-\beta)}{(1-\phi_{\mathrm{eff}}-\beta)C_{\mathrm{b}}+\phi_{\mathrm{eff}}C_{\mathrm{f}}}\right]\cdot\frac{1}{\rho_{\mathrm{m}}\left(1-\frac{\phi_{\mathrm{eff}}}{k}\frac{\rho_{\mathrm{f}}}{\rho_{\mathrm{m}}}\right)}\right\}^{\frac{1}{2}} \tag{4-1}$$

$$v_{\mathrm{S}}=\left[\frac{\mu}{\rho_{\mathrm{m}}\left(1-\frac{\phi_{\mathrm{eff}}}{k}\frac{\rho_{\mathrm{f}}}{\rho_{\mathrm{m}}}\right)}\right]^{\frac{1}{2}} \tag{4-2}$$

式中，v_{P}、v_{S}分别为纵、横波速度；ϕ_{eff}为有效孔隙度；C_{b}、C_{f}分别为固相、流体压缩系数；C_{m}为骨架压缩系数；μ为骨架的平均刚度或剪切模量；ρ_{m}、ρ_{f}分别为地层岩石平均密度和流体密度；β为比例系数；k为耦合系数。

为了将双相介质理论弹性波数值模拟方法应用到天然气水合物模型中，首先需建立相应的天然气水合物模型。根据第3章可知，天然气水合物对沉积物弹性模量的影响可分为两种模型，有科研人员利用该区的测井资料估算了部分钻孔的天然气水合物饱和度，计算结果显示研究区的天然气水合物饱和度相对较高（郭星旺等，2011；林振洲等，2013），因此可以考虑天然气水合物在孔隙内的分布类型为模型B，即天然气水合物成为固体骨架的一部分，导致有效孔隙度和岩石固体骨架刚度减小。因此，双相介质弹性波速度模型的岩石固体骨架部分由岩石骨架和天然气水合物组成，而岩石孔隙流体部分则由孔隙水充填。用V_{s}、V_{h}、V_{w}分别表示岩石颗粒、天然气水合物、孔隙水在岩石中的体积分数，对于天然气水合物模型有：

$$V_{\mathrm{s}}+V_{\mathrm{h}}+V_{\mathrm{w}}=1 \tag{4-3}$$

$$\phi=V_{\mathrm{h}}+V_{\mathrm{w}} \tag{4-4}$$

天然气水合物饱和度S_{h}、含水饱和度S_{w}可表示为：

$$S_h = V_h/\phi \tag{4-5}$$

$$S_w = V_w/\phi \tag{4-6}$$

另外，还可以得到岩石颗粒、天然气水合物在固相中的体积分数S'_s、S'_h：

$$S'_s = V_s/(V_s + V_h) \tag{4-7}$$

$$S'_h = V_h/(V_s + V_h) \tag{4-8}$$

为了确定式（4–1）和式（4–2）中各参数的计算公式，可参考Tinivella和Schon的推导公式，具体参数推断详见如下各式：

（1）有效孔隙度ϕ_{eff}：

$$\phi_{eff} = (1 - S_h)\phi \tag{4-9}$$

（2）地层岩石平均密度ρ_m、固相密度ρ_b和流体密度ρ_f:

$$\rho_m = (1 - \phi_{eff})\rho_b + \phi_{eff}\rho_f \tag{4-10}$$

$$\rho_b = S'_s\rho_s + S'_h\rho_h \tag{4-11}$$

$$\rho_f=\rho_w \tag{4-12}$$

式中，ρ_s、ρ_h、ρ_w分别为岩石颗粒、天然气水合物和水的密度。

（3）固相压缩系数C_b表示岩石颗粒和天然气水合物的平均压缩系数，计算公式为：

$$C_b = \frac{1}{2}(S'_sC_s+S'_hC_h) + \frac{1}{2}\left(\frac{S'_s}{C_s}+\frac{S'_h}{C_h}\right)^{-1} \tag{4-13}$$

式中，C_s、C_h分别为岩石颗粒和天然气水合物的压缩系数。

（4）流体压缩系数C_f:

$$C_f=C_w \tag{4-14}$$

式中，C_w为水的压缩系数。

（5）骨架压缩系数C_m表示岩石不含水情况下的压缩系数，可由下式计算：

$$C_m = (1 - \phi_{eff})C_b + \phi_{eff}C_p \tag{4-15}$$

式中，C_p为孔隙压缩系数，求取C_p的算法（Tinivella等，2002）为：

$$C_p = (1 - \phi_{eff}/\phi_0)/P_d \tag{4-16}$$

式中，ϕ_0为深度z=0的地层岩石孔隙度；P_d为地层压力差。

（6）比例系数β：

$$\beta=C_b/C_m \tag{4-17}$$

（7）剪切模量μ表示骨架的平均刚度或剪切模量，可由下式计算：

$$\mu=(\phi_s+\phi_h)\left(\frac{\phi_s S'_s}{\mu_{sm}}+\frac{S'_h}{\mu_h}\right)^{-1} \tag{4-18}$$

式中，μ_h为天然气水合物的剪切模量；μ_{sm}为含天然气水合物骨架的剪切模量（Leclaire，1992），可由下式计算：

$$\mu_{sm}=(\mu_{smKT}-\mu_{sm0})\left(\frac{\phi_h}{1-\phi_s}\right)^{3.8}+\mu_{sm0} \tag{4-19}$$

式中，μ_{smKT}为K–T剪切模量（Kuster、Toksöz，1974）；μ_{sm0}为不含天然气水合物骨架的剪切模量。

（8）耦合系数k：

耦合系数取值范围为1~ ∞。

2）天然气水合物饱和度反演模拟

在利用正演模拟得到的声波速度用于反演天然气水合物饱和度时，需要与实际钻孔的声波测井测得的声波速度进行对比，表现为天然气水合物储层的实际声波速度与正演模拟的孔隙空间饱和水时的声波速度之间的差值反映了天然气水合物饱和度。由于祁连山冻土区天然气水合物钻孔只进行了普通声波时差测井，只能获得储层的实际纵波速度资料，因此开展孔隙型储层天然气水合物饱和度反演研究只将基于等效介质理论的弹性波速度模型正演模拟得到的纵波速度用于天然气水合物饱和度反演估算中。

图4–1所示为孔隙型天然气水合物储层利用纵波速度反演天然气水合物饱和度的流程图。其具体反演天然气水合物饱和度流程如下：先设定一个初始天然气水合物饱和度值，再输入研究区地层岩石骨架的体积模量、剪切模量、孔隙度、密度等参数，利用式（3–8）正演模拟得到该天然气水合物饱和度下的理论纵波速度；再将理论纵波速度与相对应的实际测井纵波速度作差，如果两者的差值在设定的允许误差范围内，那么该天然气水合物饱和度就认为是储层的实际天然气水合物饱和度；反之，如果两者差值不在允许误差范围内，则修正天然气水合物

饱和度初值并重复上述步骤直到满足误差要求。

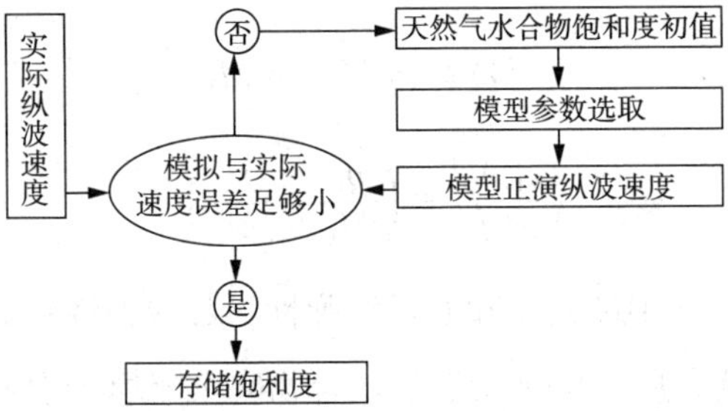

图 4–1　孔隙型储层天然气水合物饱和度反演流程

2. 裂缝型储层数值模拟

1）声波速度正演模拟

祁连山冻土区天然气水合物科学钻探工程在部分钻孔实施了先进的超声波成像测井，能够非常有效地识别地层裂缝与分析裂缝产状，从而为开展裂缝型天然气水合物储层声波测井数值模拟研究提供了极大便利。图 4–2（a）所示为祁连山冻土区天然气水合物钻孔钻获实物样品的一段超声波成像测井图像，从图像上可知，该层段裂缝非常发育，且以高角度裂缝为主，天然气水合物主要产出于这些高角度裂缝内。图 4–2（b）所示为相对应的裂缝型天然气水合物储层的两端元层状介质模型，用来模拟赋存于裂缝内的天然气水合物声波速度特征。

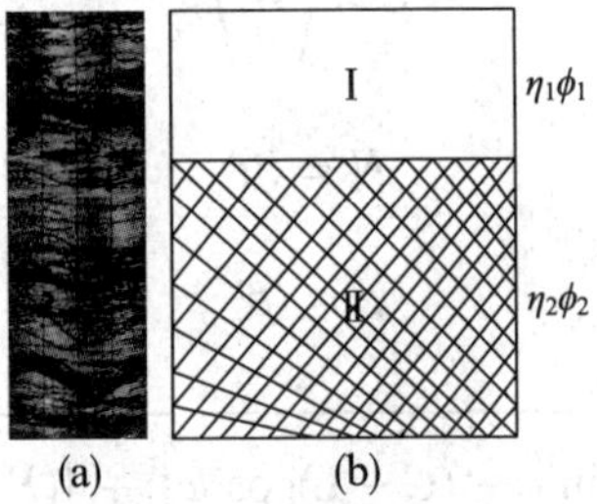

图 4–2　天然气水合物赋存井段超声波成像测井图像（a）和两端元层状介质模型（b）

裂缝型天然气水合物储层的两端元层状介质模型由Ⅰ和Ⅱ两个端元组成［图 4–2（b）］，其中Ⅰ端元是各向异性的裂缝介质，裂缝内 100% 充填天然气水合物；端元Ⅱ是各向同性的孔隙介质，孔隙内完全饱和水。Ⅰ端元裂缝介质所占的体积分数为 η_1，裂缝孔隙度为 ϕ_1，且假设 ϕ_1 =100%；Ⅱ端元孔隙介质所占的体积分数为η_2，饱和水孔隙度为ϕ_2。对于裂缝型天然气水合物储层的弹性参数可表示成如下形式：

$$\langle M\rangle \equiv (\eta_1 M_1 + \eta_2 M_2) \tag{4-20}$$

$$\left\langle \frac{1}{M} \right\rangle^{-1} \equiv \left(\frac{\eta_1}{M_1} + \frac{\eta_2}{M_2} \right)^{-1} \tag{4-21}$$

式中，M为图4-2（b）中端元Ⅰ和Ⅱ任意弹性参数或弹性参数的组合。

对于端元Ⅰ裂缝介质，由于天然气水合物完全充填于裂缝中，故各弹性参数可用天然气水合物的弹性参数替代；对于端元Ⅱ孔隙介质，各弹性参数可用孔隙型天然气水合物储层基于等效介质理论的弹性波速度模型来计算。因此，裂缝型天然气水合物储层的纵波相速度和横波相速度可由拉梅常数λ和剪切模量μ来表示（White，1965）：

$$A = \left\langle \frac{4K(\lambda+\mu)}{\lambda+2\mu} \right\rangle + \left\langle \frac{1}{\lambda+2\mu} \right\rangle^{-1} \left\langle \frac{\lambda}{\lambda+2\mu} \right\rangle^{2} \tag{4-22}$$

$$C = \left\langle \frac{1}{\lambda+2\mu} \right\rangle^{-1} \tag{4-23}$$

$$F = \left\langle \frac{1}{\lambda+2\mu} \right\rangle^{-1} \left\langle \frac{\lambda}{\lambda+2\mu} \right\rangle \tag{4-24}$$

$$L = \left\langle \frac{1}{\mu} \right\rangle^{-1} \tag{4-25}$$

$$N = \langle \mu \rangle \tag{4-26}$$

$$\rho = \langle \rho \rangle \tag{4-27}$$

$$Q = \sqrt{\left[(A-L)\sin^2\varphi - (C-L)\cos^2\varphi\right]^2 + 4(F+L)^2\sin^2\varphi\cos^2\varphi} \tag{4-28}$$

$$v_{\mathrm{P}} = \left(\frac{A\sin^2\varphi + C\cos^2\varphi + L + Q}{2\rho} \right)^{\frac{1}{2}} \tag{4-29}$$

$$v_{\mathrm{S}}^{\mathrm{V}} = \left(\frac{A\sin^2\varphi + C\cos^2\varphi + L - Q}{2\rho} \right)^{\frac{1}{2}} \tag{4-30}$$

$$v_S^H = \left(\frac{N\sin^2\varphi + L\cos^2\varphi}{\rho} \right)^{1/2} \tag{4-31}$$

式中，φ为入射波与层状介质对称轴之间的夹角；v_P为纵波相速度，v_S^h为水平极化横波相速度；v_S^V为垂直极化横波相速度。

由式（4–29）~式（4–31）计算得到的纵、横波速度是裂缝型天然气水合物储层的相速度，在利用纵、横波速度反演天然气水合物饱和度时，需要转换为群速度。对于垂向钻孔，入射角0°代表水平裂缝，入射角90°表示垂直裂缝，即入射角与裂缝倾角相关，入射角的大小反映了地层裂缝倾角的大小。当裂缝倾角呈水平或垂直状态时，群速度和相速度是一致的，而当裂缝倾角为其他角度时，相速度需要转换为群速度，两者的关系可利用Thomsen转换公式表达。

2）天然气水合物饱和度反演模拟

由于祁连山冻土区天然气水合物钻孔只有实际纵波速度测井资料，因此，本章开展裂缝型储层天然气水合物饱和度反演研究也只将两端元层状介质模型正演模拟得到的纵波速度用于天然气水合物饱和度反演估算中。图4–3为裂缝型储层利用纵波速度反演天然气水合物饱和度的流程。其具体反演流程为：先设定一个初始天然气水合物饱和度值，再分别输入端元Ⅰ裂缝介质和端元Ⅱ孔隙介质的体积模量、剪切模量、孔隙度、密度等参数，利用式（4–29）正演模拟得到该天然气水合物饱和度下的理论纵波相速度；再根据超声波成像测井图像对天然气水合物产出层段裂缝产状的统计，判断是否需要将纵波相速度转换为群速度；最后将得到的理论纵波群速度与实际测井纵波速度作差，如果两者差值在设定的允许误差范围内，则该天然气水合物饱和度认为是实际天然气水合物饱和度；反之，如果两者差值不满足误差要求，则修正饱和度初值并重复上述步骤直到满足误差精度。

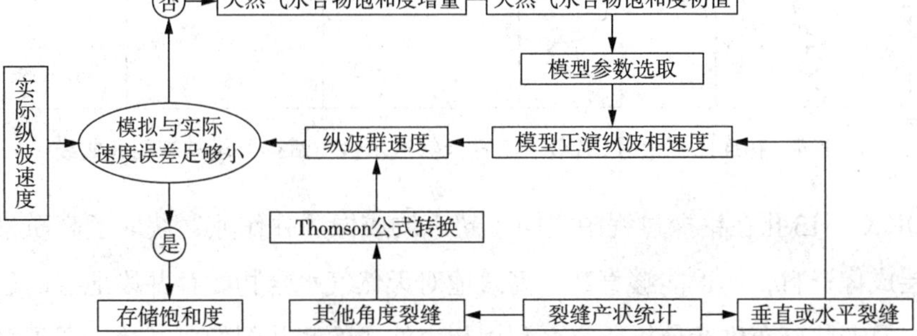

图4–3　裂缝型储层天然气水合物饱和度反演流程图

第2节 孔隙型储层声波速度与天然气水合物饱和度估算

1. DKXX-13孔测井资料

DKXX-13孔进行了全井段的综合常规测井工作，测井项目包括自然伽马、井径、密度、声波时差、电阻率测井等。图4-4为该钻孔一段（X29.8~X32.2m）钻获天然气水合物实物样品的常规测井曲线，该井段由于存在天然气水合物，在电阻率和声波时差曲线上响应明显，显示为高电阻率、低声波时差的响应特征，与国外冻土区天然气水合物的测井响应特征一致。自然伽马和密度曲线主要是对地层岩性的反映，该井段地层岩性主要为泥质砂岩。同时，井径曲线也可作为识别天然气水合物赋存层段的有效参数，井径曲线变化不大的层段，其他测井曲线出现异常则说明与井况无关。

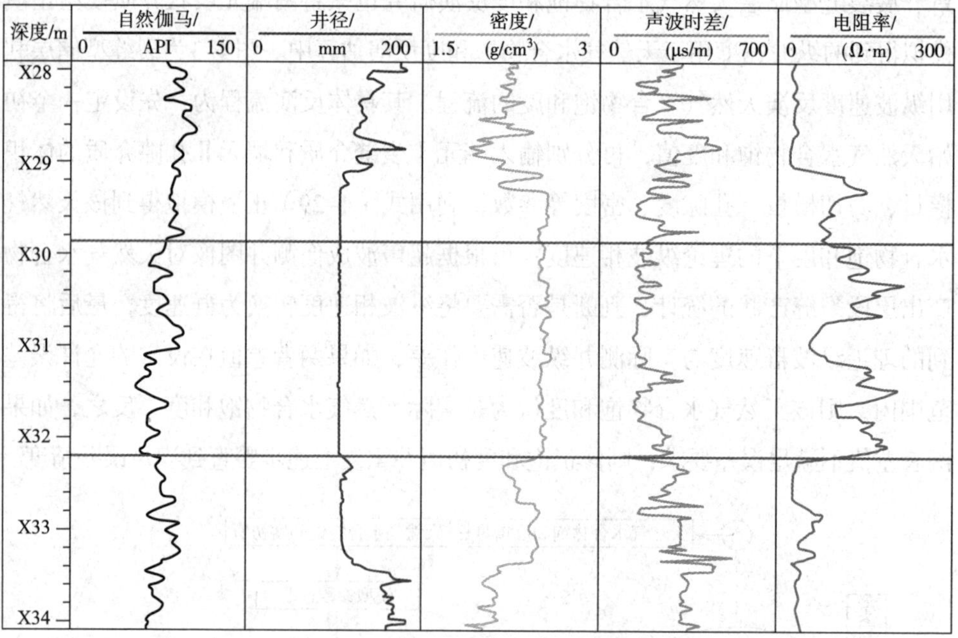

图4-4 祁连山冻土区DKXX-13孔天然气水合物赋存井段常规测井曲线

DKXX-13孔在钻探过程中实施了超声波成像测井作业，获取了高质量的钻孔地层成像资料，使得能够直观、高效地对天然气水合物赋存井段地层的裂缝发育情况及产状分布进行分析研究。利用超声波成像测井图像对井壁地层裂缝的响应，对该井段的裂缝进行拾取并以此分析裂缝产状随深度变化的特征（图4–5）。从图中可知，在X25~X51m井段共提取267条裂缝，裂缝密度平均值为9.7条/10m，表明全井段地层裂缝不发育；在天然气水合物赋存井段（X29.8~X32.2m）共提取裂缝32条，裂缝密度平均值为13.7条/10m，裂缝倾角主要为45°~75°，为高角度裂缝（邹长春等，2014；Xiao等，2014），反映天然气水合物赋存井段高角度裂缝发育较少，从而表明该井段天然气水合物主要赋存于地层岩石孔隙中，这与现场钻获的天然气水合物实物样品结果一致。

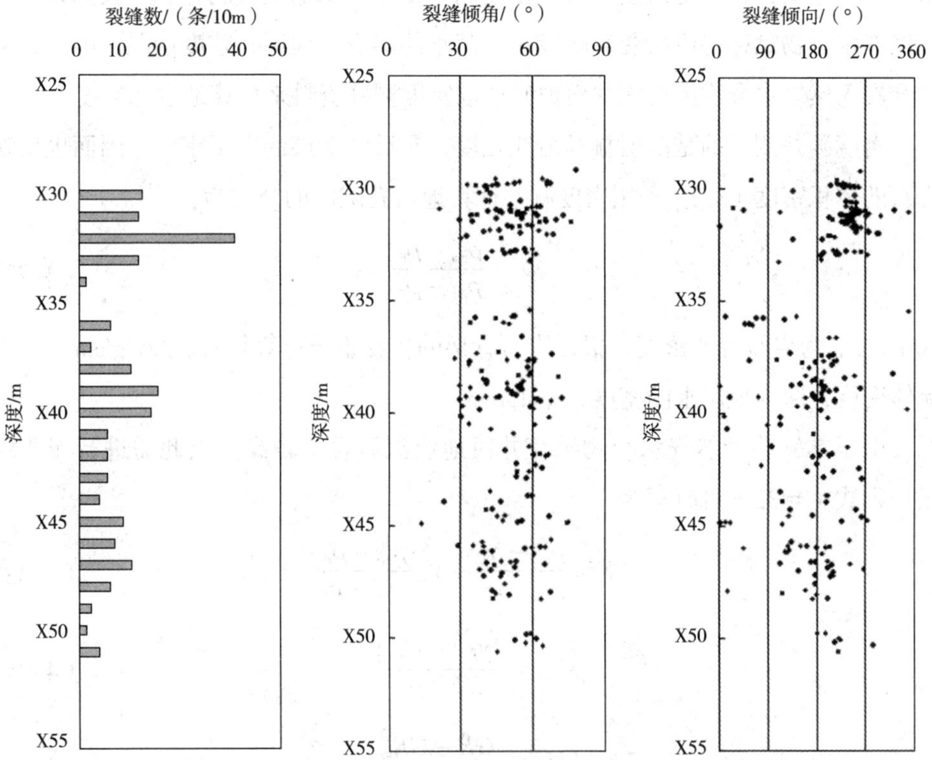

图4–5　祁连山冻土区DKXX–13孔地层裂缝参数

2. 声波速度特征

1）地层孔隙度估算

利用基于等效介质理论的弹性波速度模型和基于双相介质理论的弹性波速度模型开展声波速度正演模拟，上述模型中首先需要确定地层孔隙度（ϕ），而地层孔隙度是估算天然气水合物饱和度的一个关键参数，因此，需选取合适的测井资料估算天然气水合物钻孔的地层孔隙度。测井资料中能够用于确定地层孔隙度的包括密度测井、声波测井、中子测井和电阻率测井参数。对于声波测井确定孔隙度，由于研究区天然气水合物埋藏浅、地层岩石需进行压实校正，压实校正系数多根据区域岩心资料确定，而研究区又缺少岩心分析资料，因此不选用声波测井估算孔隙度。由于研究区中子测井资料未进行刻度，故无法用其进行孔隙度估算。对于电阻率测井资料确定孔隙度，需结合阿尔奇公式计算地层孔隙度，公式中需确定阿尔奇常数及地层水电阻率，而这些参数通常由经验参数确定，会导致估算的孔隙度存在一定误差。对于密度测井，相比于电阻率测井和声波测井，在天然气水合物赋存层段所受影响较小，基本能够反映地层孔隙度情况，因此，本章开展天然气水合物声波测井模拟时选取密度测井资料来估算地层孔隙度。

密度测井测量的是散射伽马射线强度，它反映地层的电子密度，因而也反映岩石的体积密度（ρ_b）。利用密度测井计算地层孔隙度的公式为：

$$\phi = \frac{\rho_{ma} - \rho_b}{\rho_{ma} - \rho_f} \tag{4-32}$$

式中，ρ_{ma}为岩石骨架密度，根据岩石骨架的矿物组分计算得ρ_{ma}=2.64g/cm^3；ρ_f为流体密度，取为地层水的密度，ρ_f=1g/cm^3。

由于本钻孔天然气水合物赋存井段地层泥质含量较高，因此需进行泥质校正，则式（4-32）可改写为：

$$\phi = \frac{\rho_{ma} - \rho_b}{\rho_{ma} - \rho_f} - V_{sh}\frac{\rho_{ma} - \rho_{sh}}{\rho_{ma} - \rho_f} \tag{4-33}$$

$$V_{sh} = \frac{2^{GCUR \cdot SH} - 1}{2^{GCUR} - 1} \tag{4-34}$$

$$SH = \frac{GR - GR_{min}}{GR_{max} - GR_{min}} \tag{4-35}$$

式中，V_{sh}为泥质的体积含量；SH为泥质含量指数；ρ_{sh}为泥质的密度；GR、GR_{min}、GR_{max}分别为目的层、纯砂岩层和纯泥岩层的自然伽马测井值；$GCUR$为Hilchie指数，对北美第三系地层取3.7，老地层取2（Hilchie，1978）。

利用式（4-33）计算了DKXX-13孔X28~X34m井段的地层孔隙度，计算结果见图4-6。从图中可以看出：X29.3~X30m和X30.7~X31.1m井段地层泥质含量较高，计算得到的孔隙度为0%，指示上述井段地层岩性为泥岩；X28~X29.3m

和X33.4~X34m井段由于受井眼扩径影响，致使计算得到的孔隙度结果偏大；X29.8~X32.2m井段地层孔隙度基本为1%~8%，平均值为4%，说明DKXX–13孔天然气水合物赋存井段地层孔隙度较低，天然气水合物储层岩性较致密。

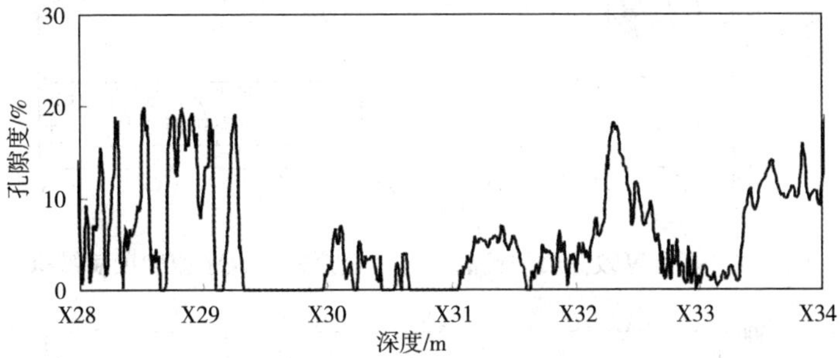

图4–6　祁连山冻土区DKXX–13孔X28~X34m井段密度测井计算孔隙度结果

2）天然气水合物储层纵波速度特征

根据自然伽马测井资料可知，DKXX–13孔X28~X34m井段地层泥质含量较高，且部分井段地层岩性为泥岩，因此利用相关速度模型开展声波速度正演模拟时只针对泥质砂岩地层。利用基于等效介质理论的弹性波速度模型正演模拟了DKXX–13孔X28~X34m井段地层饱和水情况下的纵波速度（图4–7），同时与利用基于双相介质理论的弹性波速度模型的正演模拟结果进行了对比（图4–8），上述两种速度模型中部分参数取值见表3–1和表4–1。当S_h=0时，两种速度模型正演模拟得到的纵波速度所反映的为饱和水地层的情况，从图4–7中可知，在不含天然气水合物井段（X28~X29.8m和X32.2~X34m），基于等效介质理论的弹性波速度模型正演模拟的饱和水纵波速度曲线与实际测井纵波速度曲线趋势基本一致，且在X33.5~X34m井段两曲线重合，故该速度模型及参数的设置是合理的，能够用于分析研究区孔隙型天然气水合物储层纵波速度特征。

表 4–1　双相介质理论弹性波速度模型部分参数取值

参数	取　值	取值参考来源
C_S	$2.7\times10^{-11}Pa^{-1}$	Zimmerman和King，1986
C_h	$1.79\times10^{-10}Pa^{-1}$	Sloan，1990
C_w	$4.79\times10^{-10}Pa^{-1}$	Tinivella，1999
C_g	$4.24\times10^{-8}Pa^{-1}$	Weast，1992

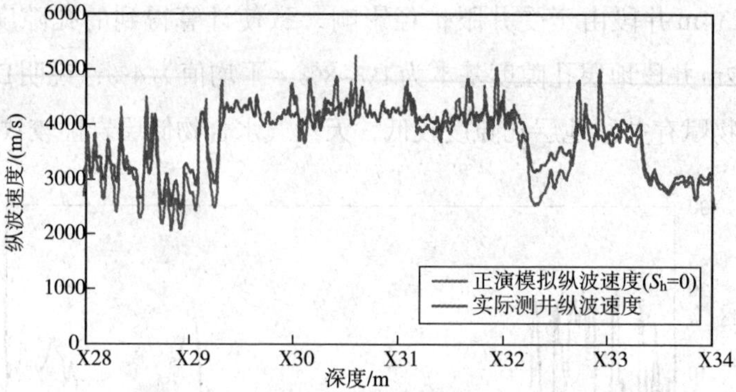

图4-7　基于等效介质理论的弹性波速度模型纵波速度正演模拟

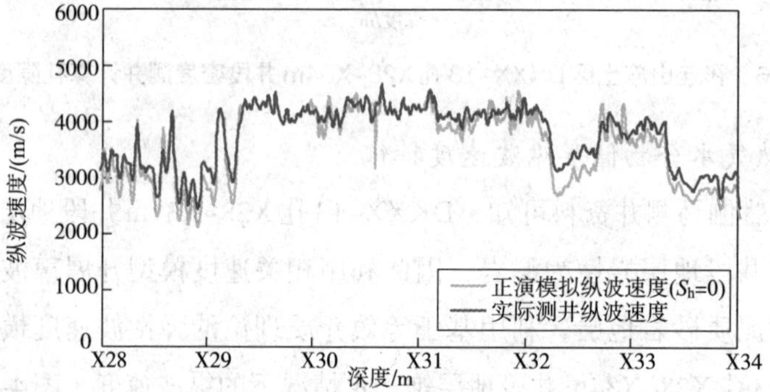

图4-8　基于双相介质理论的弹性波速度模型纵波速度正演模拟

从图4-8中可知，基于双相介质理论的弹性波速度模型正演模拟的饱和水纵波速度曲线相比基于等效介质理论的弹性波速度模型正演模拟结果偏小，在不含天然气水合物井段基本与实际测井纵波速度曲线趋势一致，但两条曲线在不含天然气水合物井段未出现曲线重合，未能反映实际地层饱和水的情况，与实际测井纵波速度曲线存在一定偏差。因此，本章选取基于等效介质理论的弹性波速度模型来分析研究区孔隙型储层的纵波速度和天然气水合物饱和度特征。

实际测井的纵波速度与饱和水纵波速度之间的差值反映了天然气水合物或游离气饱和度值，可用来定性识别天然气水合物储层。利用正演模拟得到的饱和水纵波速度曲线识别地层含天然气水合物或游离气的方法为：当地层的实际测井纵波速度比饱和水纵波速度高，则该地层可能含有天然气水合物；当地层的实际测井纵波速度比饱和水纵波速度低，则该地层可能含有游离气。从图4-7中可知，在X29.8~X32.2m井段，多处曲线（X30~X30.2m、X30.3~X30.4m、X31.1~X31.6m、X31.7~X31.9m和X32~X32.2m）显示，实际测井纵波速度比饱和水纵波速度大，表明上述井段存在天然气水合物；在X28~X29.3m、X32.3~X32.7m和X32.8~X33.4m井段，实际测井纵波速度也相对饱和水纵波速度有一定增大，但图4–4中电阻率测井曲线在上述井段并没有显示电阻率值增大，推断这些异常可能为天然气水合物融解引起地层电阻率降低所致。

3. 天然气水合物饱和度估算

利用基于等效介质理论的弹性波速度模型反演储层天然气水合物饱和度时，可以首先设置相对较大的天然气水合物饱和度，正演模拟得到相应的纵波速度曲线用以大致确定天然气水合物饱和度的变化范围，从而为反演缩小搜索范围以减少反演工作量。从图4–9中可知，正演模拟得到的纵波速度随S_h增大而逐渐增大，当S_h=85%时，正演模拟得到的纵波速度曲线整体位于实际测井纵波速度曲线的上方，说明DKXX–13孔X28~X34m井段地层天然气水合物饱和度基本为0~85%。

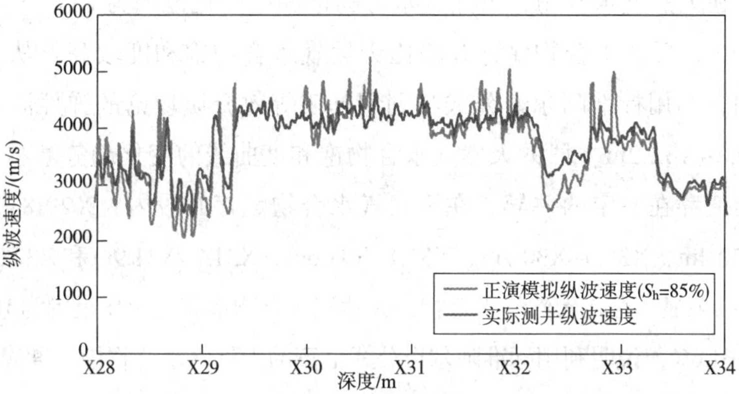

图4–9　祁连山冻土区DKXX–13孔X28~X34m井段地层纵波速度正演模拟

利用基于等效介质理论的弹性波速度模型反演估算了DKXX–13孔X28~X34m井段地层天然气水合物饱和度，其中，反演输入的地层平均密度参数ρ_m设置为密度测井值，反演结果见图4–10。同时，为了对比分析反演结果，利用标准阿尔奇公式结合DKXX–13孔的电阻率测井资料估算了天然气水合物赋存井段（X29.8~X32.2m）的饱和度，具体计算方程见式（2–37）。

从图中深色曲线可知，X28~X34m井段估算的天然气水合物饱和度较大，由于该钻孔地层岩性较致密，地层孔隙度较小，因而天然气水合物赋存于孔

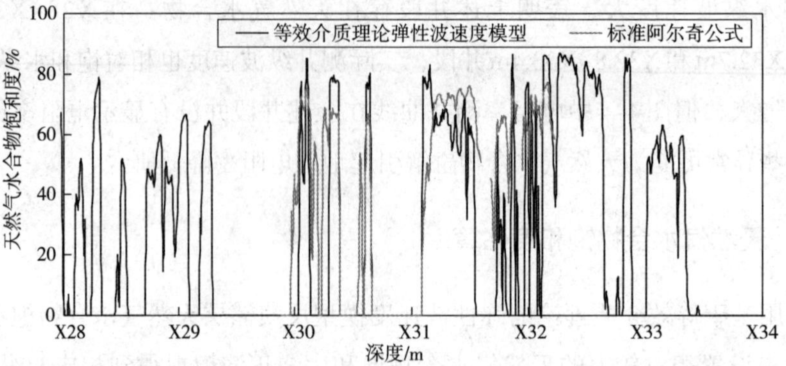

图4-10　祁连山冻土区DKXX-13孔X28~X34m井段地层天然气水合物饱和度估算

隙内所占的体积分数需较大才能够被探测出来；在天然气水合物异常井段内（X28~X29.3m、X32.3~X32.7m和X32.8~X33.4m），天然气水合物饱和度变化范围为3%~86%，平均值为52.3%；在天然气水合物赋存井段内，X30~X30.2m、X30.3~X30.4m、X31.1~X31.6m、X31.7~X31.9m和X32~X32.2m井段反演结果显示存在天然气水合物，天然气水合物饱和度变化范围为13%~85%，平均值为61.9%，反映水合物赋存井段内天然气水合物饱和度较高。从图中浅色曲线可知，利用标准阿尔奇公式与利用基于等效介质理论的弹性波速度模型估算X29.8~X32.2m井段的天然气水合物饱和度曲线的变化趋势基本一致，只是曲线幅值存在一定的差异；在天然气水合物赋存井段内，X29.8~X30.2m、X30.3~X30.4m、X30.5~X30.7m、X31.1~X31.6m、X31.7~X31.9m和X32.0~X32.2m井段估算结果显示存在天然气水合物，天然气水合物饱和度变化范围为18%~77%，平均值为61.6%，说明利用标准阿尔奇公式估算的天然气水合物饱和度峰值比利用基于等效介质理论的弹性波速度模型的反演结果低，而天然气水合物饱和度平均值两者基本一致，一定程度上验证了利用基于等效介质理论的弹性波速度模型来反演估算研究区天然气水合物赋存于孔隙内的天然气水合物饱和度是可靠的。

第3节　裂缝型储层声波速度与天然气水合物饱和度估算

1. DKXX-19孔测井资料分析

DKXX-19孔在X10.9~X14.2m井段钻获天然气水合物实物样品，天然气水合物层厚达33.7m（图4-11）。对于天然气水合物赋存井段，常规测井曲线在整体上显示为高电阻率、低声波时差的响应特征，在部分井段（X11.4~X11.9m、X12.6~X12.7m、X12.8~X12.9m）出现电阻率减小而声波时差增大的现象，表明这些井段不存在天然气水合物。对于井径曲线，在天然气水合物赋存井段多处显示井径波动变化，反映该井段地层裂缝发育，导致地层较为破碎，从而致使井径曲线扩径。

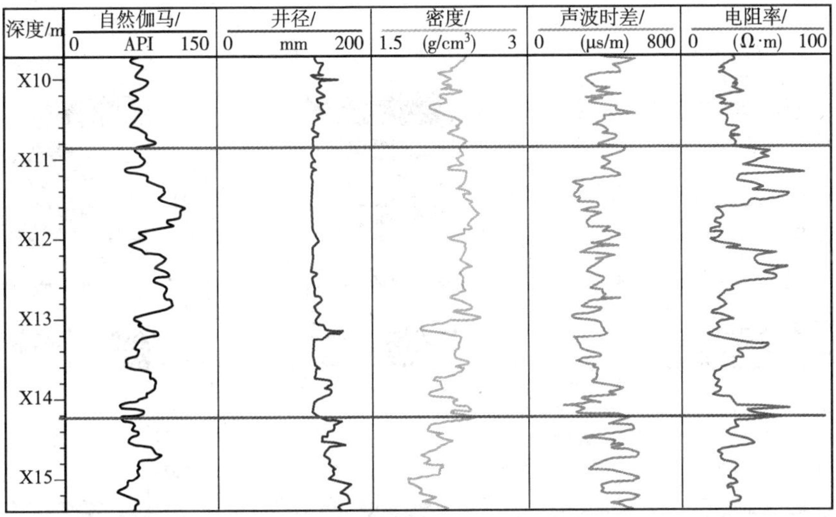

图4-11 祁连山冻土区DKXX-19孔天然气水合物赋存井段常规测井曲线

DKXX-19孔在钻探过程中实施了超声波成像测井工作，同样对该钻孔裂缝产状随深度变化的特征进行了统计分析（图4-12）。从图中可知，全井段共提取1986条裂缝，裂缝密度平均值为33.1条/10m，表明全井段地层裂缝较发育；在天然气水合物赋存井段（X10.9~X14.2m）共提取裂缝157条，裂缝密度平均值为46.6条/10m，最大裂缝密度64条/10m，裂缝倾角主要分布于50°~70°，为高角度裂缝，反映水合物赋存井段的高角度裂缝发育较多，从而表明该井段天然气水合物主要赋存于地层岩石裂缝中，这与常规测井曲线的响应特征和现场钻获的天然气水合物实物样品观测结果一致。

2. 声波速度特征分析

1）地层孔隙度估算

利用式（4-33）计算了DKXX-19孔X10~X15m井段的地层孔隙度，计算结果如图4–13所示。从图中可以看出，X11.5~X11.9m和X12.8~X12.9m井段地层孔隙度为0%，指示地层岩性为泥岩；X10.9~X14.2m井段地层孔隙度基本在5%~20%范围内变化，平均值为11.9%，说明DKXX–19孔天然气水合物赋存井段地层孔隙度较高。由于天然气水合物密度与地层水密度比较接近，因此，利用密度测井资料计算的孔隙度可近似反映为地层总孔隙度（Lee，2006），包括裂缝充填天然气水合物孔隙度和饱和水孔隙度两部分。

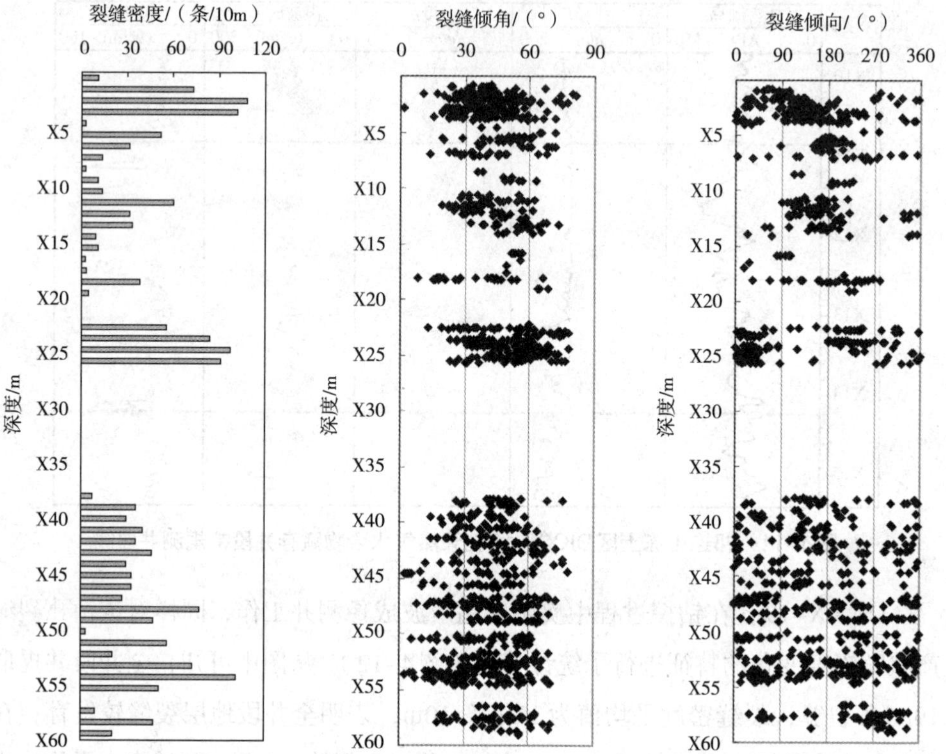

图4–12　祁连山冻土区DKXX–19孔地层裂缝参数

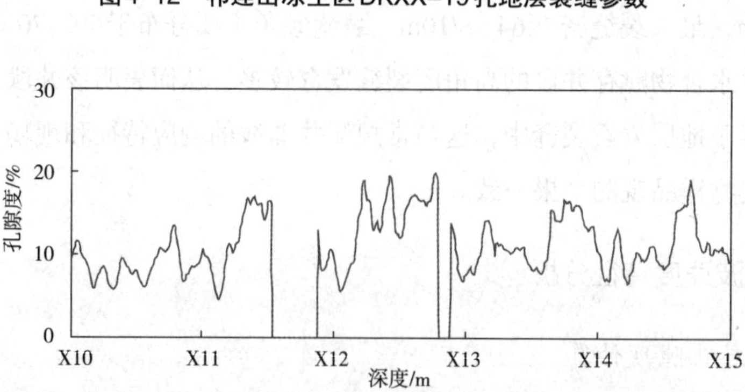

图4–13　祁连山冻土区DKXX–19孔X10~X15m井段密度测井计算孔隙度结果

2）天然气水合物储层纵波速度特征

对于裂缝型储层，由于充填于裂缝内的天然气水合物含量和裂缝倾角的变化均会影响两端元层状介质模型正演模拟的纵、横波速度，因此有必要分析这两个参数与纵、横波速度的变化关系，以便更好地开展相关研究工作。

为了分析天然气水合物含量对纵、横波速度的影响，设置地层孔隙度（ϕ）为30%，裂缝倾角分别为垂直和水平，地层骨架各组分体积含量及参数值见表3–1，利用两端元层状介质模型正演得到纵波速度（v_P）和水平极化横波速度（v_S^H）随天然气水合物体积分数（V_h）的变化规律［图4–14（a）］。当V_h=0时，表明裂缝内未充填天然气水合物，正演模拟得到的为地层孔隙饱和水的速度；当V_h=1时，表明模型中全部为裂缝充填型天然气水合物，正演模拟得到的为纯天然气水合物的速度。对于水平裂缝或者垂直裂缝，当天然气水合物体积分数增大时，纵波速度和水平极化横波速度都快速增大。对于同一天然气水合物体积分数，当裂缝倾角由水平变化为垂直时，水平极化横波速度快速增大，两条曲线明显分离，而纵波速度变化较小，两条曲线基本重合。

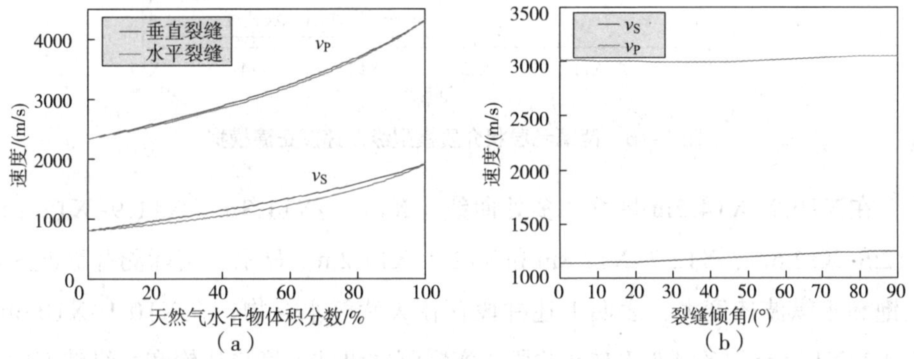

图4–14　纵、横波速度随天然气水合物体积分数（a）与裂缝倾角（b）的变化曲线

为了分析裂缝倾角对纵、横波速度的影响，同样设置地层孔隙度（ϕ）为30%，天然气水合物体积分数（V_h）为0.5，利用两端元层状介质模型正演得到纵波速度（v_P）和水平极化横波速度（v_S^H）随地层裂缝倾角的变化规律［图4–14（b）］。当裂缝倾角较小（＜40°）时，纵波速度和水平极化横波速度变化不大，此后，随着裂缝倾角的增大，纵波速度和水平极化横波速度缓慢增大，但增大幅度较小。

通过以上分析可知，在地层孔隙度小于30%的情况下，裂缝内充填天然气水合物体积分数的变化对纵、横波速度的影响较大，而裂缝倾角的变化对纵、横波的速度影响较小。由于DKXX–19孔X10~X15m井段地层孔隙度均值为11.9%，裂缝倾角主要分布于50°~70°，故该井段利用两端元层状介质模型正演模拟得到的纵波相速度，可将裂缝倾角近似转换为垂直裂缝，从而可以将纵波相速度直接转换为纵波群速度。

利用两端元层状介质模型正演模拟了DKXX–19孔X10~X15m井段地层（泥岩段除外）饱和水情况下的纵波速度（图4–15）。从图中可知，在不含天然气水合物井段（X10~X10.9m和X14.2~X15m），两端元层状介质模型正演模拟的饱和水纵波速度曲线与实际测井纵波速度曲线趋势基本一致，且在X10.6~X10.8m和X14.6~X14.7m井段两曲线重合，可知该速度模型及参数的设置是合理的，能够用于分析裂缝型天然气水合物储层的纵波速度特征。

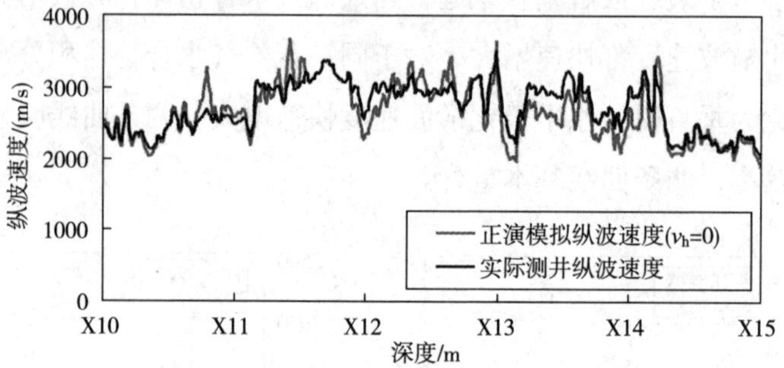

图4–15　两端元层状介质模型纵波速度正演模拟

在X10.9~X14.2m井段，多处曲线（X11.1~X11.3m、X11.9~X12.2m、X12.5~X12.6m、X12.7~X12.8m和X12.9~X14.2m）显示，实际测井纵波速度比饱和水纵波速度大，表明上述井段存在天然气水合物；在X10.1~X10.6m、X14.3~X14.6m和X14.7~X15m井段，实际测井纵波速度也比饱和水纵波速度有一定的增大，但图4–11中常规测井电阻率曲线在上述井段并没有显示电阻率增大，推断这些异常可能为天然气水合物融解引起地层电阻率降低所致。

3. 天然气水合物饱和度估算

利用两端元层状介质模型反演裂缝型储层天然气水合物饱和度时，由于设置的反演参数为v_h，而v_h和S_h的转换关系为$S_h=v_h/\phi$［ϕ为式（4–33）计算得到的地层总孔隙度］。因此，反演估算天然气水合物饱和度可以首先设置相对较大的v_h，正演模拟得到相应的纵波速度曲线用以大致确定天然气水合物饱和度的变化范围，从而为反演缩小搜索范围以减少反演工作量。从图4–16中可知，正演模拟得到的纵波速度随v_h增大而逐渐增大，当v_h=20%时，正演模拟得到的纵波速度曲线整体位于实际测井纵波速度曲线的上方，说明DKXX–19孔X10~X15m井段地层充填于裂缝内的天然气水合物体积分数基本处于0~20%范围内。

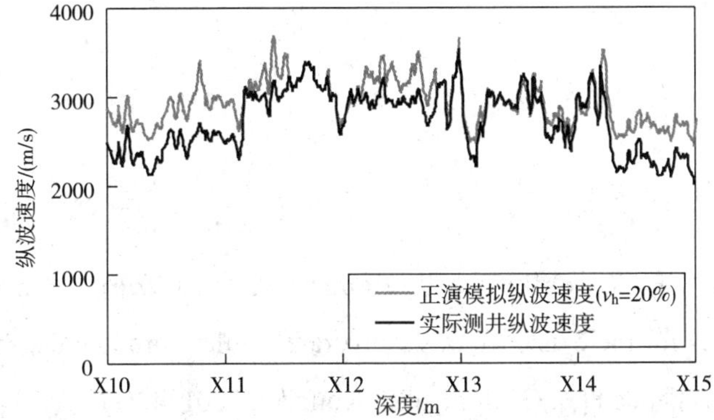

图4–16　祁连山冻土区DKXX–19孔X10~X15m井段地层纵波速度正演模拟

利用两端元层状介质模型反演估算了DKXX–19孔X10~X15m井段地层天然气水合物饱和度（图4–17）。从图中可知，在天然气水合物异常井段内（X10.1~X10.6m、X14.3~X14.6m和X14.7~X15m），水合物饱和度变化范围为3.4%~22.5%，平均值为14.5%；在天然气水合物赋存井段内，X11.1~X11.3m、X11.9~X12.2m、X12.5~X12.6m、X12.7~X12.8m和X12.9~X14.2m井段估算结果显示存在天然气水合物，天然气水合物饱和度变化范围为14.1%~89.9%，平均值为69.4%，反映天然气水合物赋存井段内裂缝充填型天然气水合物饱和度较高。由于尚未对DKXX–19孔钻获的天然气水合物实物样品进行实验分析测试，因此还不能准确评估使用该方法估算裂缝型储层天然气水合物饱和度的精度。

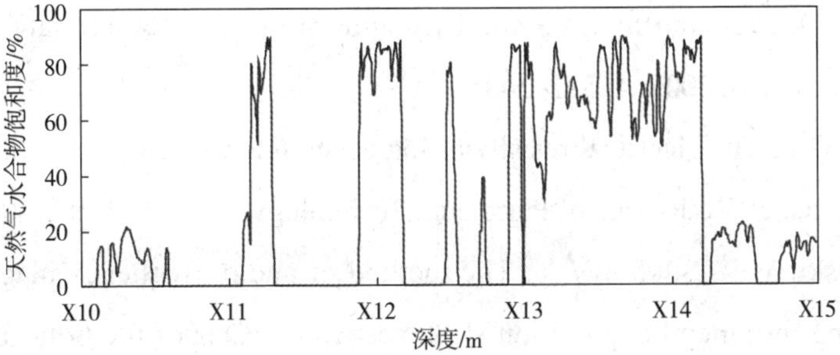

图4–17　祁连山冻土区DKXX–19孔X10~X15m井段地层天然气水合物饱和度估算

参考文献

[1] Agalakow S E, Kurchikov A R, Baburin A N . Geologic and geophysical prerequisites for the existence of gas hydrates in the Turonian deposits of the east Messoyakha deposit [J]. Geologiya & Geofizika, 2001, 42(11–12): 1785–1791.

[2] Aki K, Richards P G. Quantitative seismology theory and methods [M]. San Francisco: WH Freeman & Company, 1980.

[3] Abdelzaher M N, Nishijima J, Saibi H, et al. A coastal a quifer study using magnetotelluric and gravity methods in abo Zenema, Egypt [J]. Pure and Applied Geophysics, 2012, 169(9): 1679–1692.

[4] Andreassen K, Hart P E, Grantz A. Seismic studies of a bottom simulating reflection related to gas hydrate beneath the continental margin of the Beaufort Sea [J]. Journal of Geophysical Research (Solid Earth), 1995, 100: 12659–12673.

[5] Andreassen K, Hart P E, MacKay M. Amplitude versus offset modeling of the bottom simulating reflection associated with submarine gas hydrates [J]. Marine Geology, 1997, 137(1–2): 25–40.

[6] Archer D. Methane hydrate stability and anthropogenic climate change [J]. Biogeosciences, 2007, 4: 521–544.

[7] Archie G E. The electrical resistivity log as an aid in determining some reservoir characteristics [J]. Journal of Petroleum Technology, 1942, 5: 1–8.

[8] Balyavskii V V, Sukhoi V V. The method of audio–frequency magnetotelluric sounding in mineral exploration [J]. Izvestiya–physics of the Solid Earth, 2004, 40(6): 515–533.

[9] Bellefleur G, Riedel M, Brent T, et al. Implication of seismic attenuation for gas hydrate resource characterization, Mallik, Mackenzie Delta, Canada [J]. Journal of Geophysical Research (Solid Earth), 2007, 112: B10.

[10] Biot M A. Theory of propagation of elastic waves in a fluid saturated porous solid. I low frequency range and II higher frequency range [J]. The Journal of the Acoustical Society of America, 1956, 28: 168–191.

[11] Bortfeld R. Approximation to the reflection and transmission coefficients of the plane longitudinal and transverse waves [J]. Geophysical Prospecting, 1961, 9: 485–502.

[12] Boswell R, Rose K, Collett T S, et al. Geologic controls on gas hydrate occurrence in the Mount Elbert prospect, Alaska North Slope [J]. Marine and Petroleum Geology, 2011, 28(2): 589–607.

[13] Brandt H. A study of the speed of sound in porous granular media [J]. Journal of Applied Mechanics, 1955, 22: 479–486.

[14] Bronner G, Fourno J P. Audio–magnetoteuric investigation of allochthonous iron formations in the Archaean Reguibat Shield (Mauritania): structural and mining implications [J]. Journal of African Earth Sciences (and the Middle East), 1992, 15(3–4): 341–351.

[15] Collett T S, Lee M W, Agena W F, et al. Permafrost–associated natural gas hydrate occurrences on the Alaska North Slope [J]. 2011, 28(2): 279–294.

[16] Candansayar M E. Two–dimensional inversion of magnetotelluric data with consecutive use of conjugate gradient and least–squares solution with singular value decomposition algorithms [J]. Geophysical Prospecting, 2008, 56(1): 141–157.

[17] Carcione J M, Tinivella U. Bottom–simulating reflectors: Seismic velocities and AVO effects [J]. Geophysics, 2000, 65(1): 54–67.

[18] Carcione J M, Gei D. Gas–hydrate concentration estimated from P– and S–wave velocities at the Mallik 2L–38 research well, Mackenzie Delta, Canada [J]. Journal of Applied Geophysics, 2004, 56(1): 73–78.

[19] Carcione J M, Herman G C, Kroode A P E. Seismic modeling [J]. Geophysics,

2002, 67: 1304–1325.

[20] Castagna J P, Smith C W. Comparison of AVO indicators: A modeling study [J]. Geophysics, 1994, 59: 1849–1855.

[21] Castagna J P, Swan H W. Principles of AVO crossplotting [J]. The Leading Edge, 1997, 16(4): 337–344.

[22] Castagna J P, Batzle M L, Eastwood R L. Relationships between compressional-wave and shear-wave velocities in clastic silicate rocks [J]. Geophysics, 1985, 50(4): 571–581.

[23] Clerc G, Decriaud J P, Doyen G, et al. An automatic audio-magnetotelluric equipment, controlled by microprocessor, for the telesurvellance of the volcano Momotombo (Nicaragua) [J]. Surveys in Geophysics, 1984, 6(3–4): 291–304.

[24] Coggon J H. Electromagnetic and electeical modeling by the finite element method [J]. Geophysics, 1971, 36(2): 132–151.

[25] Collett T S. Well log evaluation of gas hydrate saturations [A]. Colorado: SPWLA 39th Annual Logging Symposium [C], 1998.

[26] Collett T S. Energy resource potential of natural gas hydrates [J]. Association of Petroleum Geologists Bulletin, 2002, 86(11): 1971–1992.

[27] Collett T S. Results at Mallik highlight progress in gas hydrate energy resource research and development [J]. Petrophysics, 2005, 46(3): 237–243.

[28] Collett T S, Ginsburg G D. Gas hydrates in the Messoyakha gas field of the west Siberian basin–A re-examination of the geologic evidence [A]. Honolulu: 7th International Offshore and Polar Engineering Conference [C], 1997: 96–103.

[29] Collett T S, Lee M W, Agena W F, et al. Permafrost associated natural gas hydrate occurrences on the Alaska North Slope [J]. Marine and Petroleum Geology, 2011, 28: 279–294.

[30] Connolly P. Elastic impedance [J]. The leading Edge, 1999, 19(4): 438–452.

[31] Constable S C, Parker R L, Constable C G. Occam’s inversion: A practical algorithm for generating smooth models from electromagenetic sounding data [J]. Geophysics, 1987, 52(3): 289–300.

[32] Cook A E, Goldberg D. Extent of gas hydrate filled fracture planes: Implications

for in situ methanogenesis and resource potential [J]. Geophysical Research Letter, 2008, 35(15): L15302.

[33] Domenico S N. Elastic properties of unconsolidated porous sand reservoirs [J]. Geophysics, 1977, 42(7): 1339–1368.

[34] Danda N, Rao C K, Kumar A. Geoelectric structure of northern Cambay rift basin from magnetotelluric data [J]. Earth Planets and Space, 2017, 69: 140.

[35] Dai J, Xu H, Snyder F, et al. Detection and estimation of gas hydrates using rock physics and seismic inversion: Examples from the northern deepwater Gulf Mexico [J]. The Leading Edge, 2004, 23(1): 60–66.

[36] Dallimore S R, Collett T S. Intrapermafrost gas hydrates from a deep core–hole in the Mackenzie Delta, Northwest–Territories, Canada [J]. Geology, 1995, 23(6): 527–530.

[37] Dallimore S R, Collett T S. Summary and implication of the Mallik 2002 gas hydrate production research well program. In: Dallimore S R, Collett T S. eds. Scientific Results from the Mallik 2002 Gas Hydrate Production Research Well Program, Mackenzie Delta, Northwest Territories, Canada [J]. Geological Survey of Canada, Bulletin, 2005, 585: 1–36.

[38] Dallimore S R, Wright J F, Nixon F M, et al. Geologic and porous media factors affecting the 2007 production response characteristics of the Mallik Gas Hydrate Production Research Well [A]. Proceedings of the 6th International Conference on Gas Hydrates (ICGH 2008) [C], Vancouver, British Columbia, Canada, 2008.

[39] Degroothedlin C, Constable S C. Occam’ s inversion to generate smooth, two–dimensional models from magnetotelluric data [J]. Geophysics, 1990, 55(12): 1613–1624.

[40] Dickens G R. Rethinking the global carbon cycle with a large, dynamic, and microbially–mediated gas hydrate capacitor [J]. Earth and Planetary Science Letters, 2003, 213: 169–183.

[41] Dickens G R, Paull C K, Wallace P, et al. Direct measurement of in situ methane quantities in large gas hydrate reservoir [J]. Nature, 1997, 385: 426–428.

[42] Digby P J. The effective moduli of porous rocks [J]. Journal of Applied

Mechanics, 1981, 18: 843–848.

[43] Dvorkin J, Prasad M, Sakai A. Elasticity of marine sediments: Rock physics modeling [J]. Geophysical Research Letters, 1999, 26(12): 1781–1784.

[44] Ecker C, Lumlet D, Dvorkin J, et al. Sediments within gas hydrates: internal structure from seismic AVO [J]. Geophysics, 1998, 63(5): 1659–1669.

[45] Ecker C, Dvorkin J, Nur A. Estimating the amount of gas hydrate and free gas from marine seismic data [J]. Geophysics, 2000, 65(2): 565–573.

[46] Ellis R G, Oldenberg D W. The pole–pole 3D Dc–resistivity inverse problem: a conjugate gradient approach [J]. Geophysical Journal International, 1994, 119(1): 187–194.

[47] Eshelby J D. The determination of the elastic field of an ellipsoidal inclusion, and related problems [J]. Proceedings of the Royal Society A, 1957, 241(1226): 376–396.

[48] Ehsan M L, Ahmed N, Din Z U, et al. An application of AVO derived attributes to analyze seismic anomalies of gas hydrate bearing sediments in Makran offshore, Pakistan (vol 51, pg 671, 2016) [J]. Acta Geodaetica Et Geophysica, 2018, 52(3): 437.

[49] Farquharson C G, Oldenberg D W. A comparison of automatic techniques for estimating the regularization parameter in non–linear inverse problems [J]. Geophysical Journal International, 2004, 156(3): 411–425.

[50] Foster D J, Keys R G, Reilly J M. Another perspective on AVO crossploting [J]. The Leading Edge, 1997, 16: 1235–1237.

[51] Fujii T, Saeki T, Kobayashi T, et al. Resource assessment of methane hydrate in the Eastern Nankai Trough, Japan [A]. Houston: Offshore Technology Conference [C], 2008.

[52] Gassmann F. Elastic waves through a packing of spheres [J]. Geophysics, 1951, 16: 673–685.

[53] Goodway B, Chen T, Downton J. Improved AVO fluid detection and lithology discrimination using Lame petrophysical parameters, “λ”, “μ” and “λfluid stack”, from P and S inversions [A]. Dallas: SEG International Exposition and

67th Annual Meeting [C], 1997.

[54] Hestenes M R, Stiefel E. Methods of conjugate gradients for solving linear systems [J]. Journal of Research of the National Bureau of Standards, 1952, 49(6): 409–436.

[55] Hadley C, Peters D, Vaughan A, et al. Gumusut–Kakap project: Geohazard characterization and impact on field development plans [A]. Kuala Lumpur: International Petroleum Technology conference [C], 2008.

[56] Hampson D. AVO inversion, theory and practice [J]. The Leading Edge, 1991, 10(6): 39–42.

[57] Han D H. Weak cementation effect on velocity of sands [A]. California: SEG Annual Meeting [C], 1994.

[58] Hashin Z, Shtrikman S. A variational approach to the theory of elastic behavior of multiphase materials [J]. Journal of Applied physics Solids, 1963, 2: 127–140.

[59] Haberer R M, Mangelsdorf K, Wilkes H, et al. Occurrence and palaeoenvironmental significance of aromatic hydrocarbon biomarkers in Oligocene sediments from the Mallik 5L–38 Gas Hydrate Production Research Well (Canada) [J]. Organic Geochemistry, 2006, 37: 519–538.

[60] Helgerud M B, Dvorkin J, Nur A, et al. Elasitc–wave velocity in marine sediments with gas hydrates: effective medium modeling [J]. Geophysical Research Letters, 1999, 26(13): 2021–2024.

[61] Henstnses M R, Stiefel E. Methods of conjugate gradients for solving linear systems [J]. Journal of Research of National Bureau of Standarde, 1952, 49(6): 409–436.

[62] Hilchie D W. Applied openhole log interpretation (for Geologists and Petroleum Engineers) [M]. Colorado: DW Hilchie, 1978.

[63] Hill R. The elastic behavior of crystalline aggregate [A]. London: Proceedings of the Physical Society [C], 1952.

[64] Hill R. A self–consistent mechanics of composite materials [J]. Journal of Applied physics Solids, 1965, 13: 213–222.

[65] Hilteman F. Seismic lithology [J]. SEG–continuing education, 1983, 115.

[66] Holland M, Schultheiss P, Roberts J. Observed gas hydrate morphologies in marine sediments [A]. Vancouver: Proceedings of the 6th International Conference on Gas Hydrates [C], 2008.

[67] Hu G W, Ye Y G, Zhang J, et al. Acoustic properties of gas hydrate–bearing consolidated sediments and experimental testing of elastic velocity models [J]. Journal of Geophysical Research (Solid Earth), 2010, 115: B02102.

[68] Huang J W, Bellefleur G, Milkereit B. Seismic modeling of multidimensional heterogeneity scales of Mallik gas hydrate reservoirs, Northwest Territories of Canada [J]. Journal of Geophysical Research (Solid Earth), 2009, 114: B07306.

[69] Hunter R B, Collett T S, Boswell R, et al. Mount Elbert Gas Hydrate Stratigraphic Test Well, Alaska North Slope: Overview of scientific and technical program [J]. Marine and Petroleum Geology, 2011, 28(2): 295–310.

[70] Hyndman R D, Spence G D. A seismic study of methane hydrate marine bottom simulating reflectors [J]. Journal of Geophysical Research (Solid Earth), 1992, 97(B5): 6683–6698.

[71] Hu X D, Zou C C, Lu Z Q. Evaluation of gas hydrate saturation by effective medium theory in shaly sands: A case study from the Qilian Mountain permafrost, China [J]. Journal of Geophysics and Engineering, 2019, 16(1): 215–228.

[72] Jakobsen M, Hudson J A, Minshull T A, et al. Elastic properties of hydrate–bearing sediments using effective medium theory [J]. Journal of Geophysical Research, 2000, 105: 561–577.

[73] Jin Y K, Lee M W, Collett T S. Relationship of gas hydrate concentration to porosity and reflection amplitude in a research well, Mackenzie Delta, Canada [J]. Marine and Petroleum Geology, 2002, 19(4): 407–415.

[74] Katzman R, Holbrook W S, Paull C K. Combined vertical–incidence and wide–angle seismic study of a gas hydrate zone, Blake ridge [J]. Journal of Geophysical Research (Solid Earth), 1994, 99(B9): 17975–17995.

[75] Koefoed O. On the effect of Poisson' s rations of rock strata on the reflection coefficients of plane waves [J]. Geophysical Prospecting, 1955, 3: 381–387.

[76] Korringa J, Brown R J S, Thompson D D, et al. Self–consistent imbedding and

the ellipsoidal model for porous rocks [J]. Journal of Geophysical Research (Solid Earth), 1979, 84: 5591–5598.

[77] Korenaga J, Holbrook W S, Singh S C, et al. Natural gas hydrates on the southeast US margin: Constraints from full waveform and travel time inversion of wide–angle seismic data [J]. Journal of Geophysical Research, 1997, 102: 15345–15365.

[78] Kuster G T, Toksöz M N. Velocity and attenuation of seismic waves in two–phase media, Part I: Theoretical formulations [J]. Geophysics, 1974, 39: 587–606.

[79] Kvenvolden K. Methane hydrate: a major reservoir of organic carbon in the shallow geosphere [J]. Chemical Geology, 1988, 71(1/3): 41–51.

[80] Leclaire P. Propagation acoustique dans les milieux poreux soumis au gel. Modélisation et expérience [D]. Thèse nouveau doctorat: Université de Paris, 1992.

[81] Lee M W. Biot–Gassmann theory for velocities of gas–hydrate–bearing sediments [J]. Geophysics, 2002, 67(6), 1711–1719.

[82] Lee M W. Well log analysis to assist the interpretation of 3–D seismic data at Milne Point, North Slope of Alaska [R]. U.S. Geological Survey, Scientific Investigation Report 2005–5048, 2005.

[83] Lee M W. A simple method of predicting S–wave velocity [J]. Geophysics, 2006, 71(6): F161–F164.

[84] Lee M W. Velocities and attenuations of gas hydrate–bearing sediments [R]. U.S. Geological Survey, Scientific Investigations Report 2007–5264, 2007.

[85] Lee M W. Models for gas hydrate–bearing sediments inferred from hydraulic permeability and elastic velocities [R]. U.S. Geological Survey, Scientific Investigations Report 2008–5219, 2008.

[86] Lee M W. Anisotropic velocities of gas hydrate–bearing sediments in fractured reservoirs [R]. U.S. Geological Survey Scientific Investigations Report 2009–5141, 2009.

[87] Lee M W, Collett T S. Amount of gas hydrate estimated from compressional and shear–wave velocities at the JAPEX/JNOC/GSC et al. Mallik 2L–38 gas hydrate

research well [C]// Dallimore S. R., Uchida T., Collett T.S. Scientific Results from JAPEX/JNOC/GSC Mallik 2L-38 Gas Hydrate Research Well. Machenzie Delta, Northwest Territories, Canada. Geological Survey of Canada, 1999, 544: 313-322.

[88] Lee M W, Collett T S. Assessments of gas hydrate concentrations estimated from sonic logs in the JAPEX/JNOC/GSC et al. Mallik 5L-38 gas hydrate research production well [C]// Dallimore S. R., Collett T.S. Scientific Results from the Mallik 2002 Gas Hydrate Production Research Well Program, Machenzie Delta, Northwest Territories, Canada. Geological Survey of Canada, 2005, 585: 10.

[89] Lee M W, Collett T S. Intergrated analysis of well logs and seismic data to estimate gas hydrate concentrations at Keathley Canyon, Gulf of Mexico [J]. Marine and Petroleum Geology, 2008, 25: 924-931.

[90] Lee M W, Collett T S. Gas hydrate saturations estimated from fractured reservoir at Site NGHP-01-10, Krishna-Godavari Basin, India [J]. Journal of Geophysical Research (Solid Earth), 2009, 114: B07102.

[91] Lee M W, Collett T S. In-situ gas hydrate hydrate saturation estimated from various well logs at the Mount Elbert Gas Hydrate Stratigraphic Test Well, Alaska North Slope [J]. Marine and Petroleum Geology, 2011, 28(2): 439-449.

[92] Lee M W, Collett T S. Pore-and fracture-filling gas hydrate reservoirs in the Gulf of Mexico Gas Hydrate Joint Industry Project Leg II Green Canyon 955 H Well [J]. Marine and Petroleum Geology, 2012, 34: 62-71.

[93] Lee M W, Collett T S. Scale-dependent gas hydrate saturation estimates in sand reservoirs in the Ulleung Basin, East Sea of Korea [J]. Marine and Petroleum Geology, 2013, 47: 195-203.

[94] Lee M W, Hutchinson D R, Dillon W P, et al. Method of estimating the amount of in-situ gas hydrates in deep marine sediments [J]. Marine Petroleum and Geology, 1993, 10: 493-506.

[95] Lee M W, Hutchinson D R, Collett T S, et al. Seismic velocities for hydrate-bearing sediments using weighted equation [J]. Journal of Geophysical Research, 1996, 101: 20347-20358.

[96] Lee M W, Agena W F, Collett T S, et al. Pre– and post–drill comparison of the Mount Elbert gas hydrate prospect, Alaska North Slope [J]. Marine and Petroleum Geology, 2011, 28(2): 578–588.

[97] Lee M W, Collett T S, Lewis K A. Anisotropic models to account for large borehole washouts to estimate gas hydrate saturations in the Gulf of Mexico Gas Hydrate Joint Industry Project Leg Ⅱ Alaminos Canyon 21 B well [J]. Marine and Petroleum Geology, 2012, 34(1): 85–95.

[98] Li X G, Han D H, Liu J J. The effects of reservoir thickness, fluid and Q to seismic amplitudes [A]. Denver: SEG Annual Meeting [C], 2004.

[99] Li B, Sun Y H, Guo W, et al. The mechanism and verification analysis of permafrost–associated gas hydrate formation in the Qilian Mountain, Northwest China [J]. Marine and Petroleum Geology, 2017, 86: 787–797.

[100] Lin C H, Tan H D, Tong T. Three–dimensional conjugate gradient inversion of magnetotelluric sounding data [J]. Applied Geophysics, 2008, 5(4): 314–321.

[101] Lin C H, Tan H D, Tong T. Parallel rapid relaxation inversion of 3D magnetotelluric data [J]. Applied Geophysics, 2009, 6(1): 77–83.

[102] Lin C H, Tan H D, Tong T. Three–dimensional conjugate gradient inversion of magnetotelluric full information data [J]. Applied Geophysics, 2011, 1: 1–10.

[103] Liu C S, Ren Z Y, Tang J T, et al. Three–dimenional magnetotellurics modeling using edge–based finite–element usstructured meshes [J]. Applied Geophysics, 2008, 5(3): 170–180.

[104] Lodolo E, Camerlenghi A, Madrussani G, et al. Assessment of gas hydrate and free gas distribution on the South Shetland margin (Antarctica) based on multichannel seismic reflection data [J]. Geophysical Journal International, 2002, 148(1): 103–119.

[105] Love A E H. A treatise on the mathematics theory of elasticity [M]. Dover: New York, 1994.

[106] Lu Z Q, Zhu Y H, Zhang Y Q, et al. Gas hydrate occurrences in the Qilian Mountain permafrost, Qinghai Province, China [J]. Cold Regions Science and Technology, 2011, 66(2–3): 93–104.

[107] Lugao P P, Wannamaker P E. Calculating the two-dimensional magnetotelluric Jacobian in finite elements using reciprocity [J]. Geophysics, 1996, 127: 806-810.

[108] Liu J, Zhang J Z, Ma F, et al. Estimation of seismic velocities and gas hydrate concentrations: A case study from the Shenhu area, northern South China Sea [J]. Marine and Petroleum Geology, 2017, 88: 225-234.

[109] Mackie R L, Madden T R. Conjugate direction relaxation solutions for 3-D magnetotelluric modeling [J]. Geophysics, 1993, 58(7): 1052-1057.

[110] Mackie R L, Smith J T, Madden T R. Three-dimensional electromagnetic modeling using finite difference equations: The magnetotelluric example [J]. Radio Science, 1994, 29(4): 923-935.

[111] Madden T R, Mackie R L. Three-dimensional magnetotelluric modeling and inversion and inversion [J]. Proceedings of the IEEE, 1989, 77(2): 318-333.

[112] Makogon Y F, Omelchenko R Y. Commercial gas production from Messoyakha deposit in hydrate conditions [J]. Journal of Natural Gas Science and Engineering, 2013, 11: 1-6.

[113] Maslin M, Owen M, Betts R, et al. Gas hydrates: past and future geohazard [J]. Philosophical Transactions of the Royal Society of Iondon series a-mathematical physical and engineering sciences, 2010, 368: 2369-2393.

[114] Max M D, Johnson A H, Dillon W P. Economic geology of natural gas hydrate [M]. Netherlands: Springer Science & Business Media, 2006.

[115] Mindlin R D. Compliance of elastic bodies in contact [J]. Journal of Applied Mechanics, 1949, 16: 259-268.

[116] Mitsuhata Y, Uchida T. 3D magnetelluric modeling using the T-fininte-element method [J]. Geophysics, 2004, 69: 108-119.

[117] Mogi T. Three-dimensional modeling of magnetelluric data using finite-element method [J]. Journal of Applied Geophysics, 1996, 35: 185-189.

[118] Mueller C, Boennemann C, Neben S. AVO study of a gas-hydrate deposit, offshore Costa Rica [J]. Geophysical Prospecting, 2007, 55(5): 719-735.

[119] Murphy W F I. Effects of microstructure and pore fluids on the acoustic

properties of granular sedimentary materials [D]: [Ph.D Thesis]. Stanford: Stanford University, 1982.

[120] Muskat M, Meres M W. Reflection and transmission coeffi–cients for plane waves in elastic media [J]. Geophysics, 1940, 5(2): 115–149.

[121] Marin M H, Sahoo S K, Best A I. Theoretical modeling insights into elastic wave attenuation mechanisms in marine sediments with pore–filling methane hydrate [J]. Journal of Geophysical Research: Solid Earth, 2017, 122(3): 1835–1847.

[122] Newman G A, Alumbaugh D L. 3D electromagnetic modeling using staggered finite differences [A] Singapore: 1997 International Geoscience and Remote Sensing Symposium, 1997.

[123] Newman G A, Alumbaugh D L. Three–dimensional magnetotelluric inversion using non–linear conjugate gradients [J]. Geophysical Journal International, 2000, 140(2): 410–424.

[124] Nur A, Mavko G, Dvorkin J, et al. Critical porosity: A key to relating physical properties to porosity in rocks [J]. The Leading Edge, 1998, 17: 357–362.

[125] Ogawa Y, Uyeshima M, Honkura Y, et al. Audio–frequency magnetotelluric imaging of an active strike–slip–fault [J]. Journal of Geomagnetism and Geoelectricity, 1994, 46(5): 403–408.

[126] Park K. Gas hydrate exploration activities in Korea [A]. Vancouver: Proceedings of the 6th International Conference on Gas Hydrates [C], 2008.

[127] Paull C, Matsumoto R, Wallace P. Initial reports–gas hydrate sampling on the Blak Ridge and Carolina Rise [R]. Proceedings of the Ocean Drilling Program, Ocean Drilling Program, Texas A&M University, College Station, 1996.

[128] Petersen C J, Papenberg C, Klaeschen D. Local seismic quantification of gas hydrates and BSR characterization from multi–frequency OBS data at northern Hydrate Ridge [J]. Earth and Planetary Science Letters, 2007, 255: 414–431.

[129] Qian J, Wang X J, Collett T S, et al. Gas hydrate accumulation and saturations estimated from effective medium theory in the eastern Pearl River Mouth Basin, South China Sea [J]. Interpretation–A Journal of Subsurface Characterization,

2017, 5(3): SM33–SM48.

[130] Qu L, Zou C C, Lu Z Q, et al. Elastic–wave velocity characterization of gas hydrate–bearing fractured reservoirs in a permafrost area of the Qilian Mountain, Northwest China [J]. Marine and Petroleum Geology, 2017, 88: 1047–1058.

[131] Raymer L L, Hunt E R. An improved sonic transit time to porosity transform [A]. Lafayette: SPWLA 21st Annual Loggings Symposium [C], 1980.

[132] Reddy I K. Three–dimensional modeling in magnetelluric and magnetic variational sounding [J]. Geophysics, 1977, 51: 313–325.

[133] Reuss A. Berechnung derFliessgrenze von Mischkristallen aufgrund der Plastizitätsbedingung fürEinkristalle [J]. Zeitschrift fur Angewandte Mathematik and Mechanik, 1929, 9: 49–58.

[134] Riedel M, Bellefleur G, Dallimore S R, et al. Amplitude and frequency anomalies in regional 3D seismic data surrounding the Mallik 5L–38 research site, Mackenzie Delta, Northwest Territories, Canada [J]. Geophysics, 2006, 71(6): B183–B191.

[135] Riedel M, Bellefleur G, Mair S, et al. Acoustic impedance inversion and seismic reflection continuity analysis for delineating gas hydrate resources near the Mallik research sites, Mackenzie Delta, Northwest Territories, Canada [J]. Geophysics, 2009, 74(5): B125–B137.

[136] Riedel M, Brent T A, Taylor G, et al. Evidence for gas hydrate occurrences in the Canadian Arctic Beaufort Sea within permafrost–associated shelf and deep–water marine environments [J]. Marine and Petroleum Geology, 2017, 81: 66–78.

[137] Rijo L. Modeling of electric and electromagnetic data [D]: [Ph.D Thesis], Utah: University of Utah, 1977.

[138] Rodi W, Mackie R L. Nonlinear conjugate gradients algorithm for 2–D magnetotelluric inversion [J]. Geophysics, 2001, 66(1): 174–187.

[139] Rodi W L. A technique for improving the accuracy of finite element solutions for magnetotelluric data [J]. Journal of Geophysical Reasearch, 1976, 44: 483–

506.

[140] Sava D., Hardage B A. Rock physics characterization of hydrate–bearing deepwater sediments [J]. The Leading Edge, 2006, 25(5): 616–619.

[141] Schinegg P A, Lequang B V, Fischer G, et al. Audio–magnetotelluric study of a structure with a reverse–fault [J]. Journal of Geomagnetism and Geoelectricity, 1983, 35: 653–671.

[142] Schon J H. Physical properties of rocks: fundamentals and principles of petrophysics [M]. New York: Pergamon Press, 1996.

[143] Serra O. Fundamentals of well–log interpretation (Vol.1): The acquisition of logging data: Developments in Petroleum Science [J]. Petroleum Science, 1984, 15.

[144] Sarvandani M M, Kalateh A N, Unsworth M, et al. Interpretation of magnetotelluric data from the Gachsaran oil field using sharp boundary inversion [J]. Journal of Petroleum and Engineering, 2017, 149: 25–39.

[145] Shuey R T. A simplification of the Zoeppritz equations [J]. Geophysics, 1985, 50(4): 609–634.

[146] Siripunvaraporn W, Egbert G. Data space conjugate gradient inversion for 2–D magnetotelluric data [J]. Geophysical Journal International, 2007, 170(3): 986–994.

[147] Sloan E D. Clathrates hydrate of natural gase [M]. New York: CRC Press, 1990.

[148] Sloan E D. Clathrate hydrates of natural gases, 2nd edition [M]. New York: CRC Press, 1998.

[149] Sloan E D, Koh C A. Clathrate Hydrates of Natuaral Gases [M]. Third Edition. Boca Raton: CRC Press of Tayor & Francis Group, 2008: 1–721.

[150] Smith J T, Booker J R. Rapid inversion of two and three dimensional magnetotelluric data [J]. Journal of Geophysical Research (Solid Earth), 1996, 96(B3): 3905–3922.

[151] Thomsen L. Weak elastic anisotropy [J]. Geophysics, 1986, 51(10): 1954–1966.

[152] Tikhonov A N, Arsenin V I A, John F. Solutions of ill–posed problems [M]. Washington: Winston, 1977.

[153] Tinivella U. A method for estimating gas hydrate and free gas concentrations in marine sediments [J]. Bollettino di Geofisica Teorica ed Applicata, 1999, 40(1): 19–30.

[154] Tinivella U, Carcione J M. Estimation of gas hydrate concentration and free gas saturation from log and seismic data [A]. Calgary: SEG Annual Meeting, 2000.

[155] Tinivella U, Accaino F, Camerlenghi A. Gas hydrate and free gas distribution from inversion of seismic data on the South Shetland margin (Antarctica) [J]. Marine Geophysical Researches, 2002, 23: 109–123.

[156] Uddin M, Wright F, Dallimore S, et al. Seismic correlated Mallik 3D gas hydrate distribution: Effect of geomechanics in non–homogeneous hydrate dissociation by depressurization [J]. Journal of Natural Gas Science and Engineering, 2014, 20: 250–270.

[157] Voigt W. Lehrbuch der Kristallphysik [M]. New York: Teubner, Leipzig, Macmillan, 1928.

[158] Walton K. The effective elastic moduli of a random packing of spheres [J]. Journal of the Mechanics and Physics of Solids, 1987, 35: 213.

[159] Walsh J B. New analysis of attenuation in partially melted rock [J]. Journal of Geophysical Research, 1969, 74(17): 4333–4337.

[160] Wang X J, Hutchinson D R, Wu S G, et al. Elevated gas hydrate saturation within silt and silty clay sediments in the Shenhu area, South China Sea [J]. Journal of Geophysical Research (Solid Earth), 2011, 116: B05102.

[161] Wang X C, Pan D M. Application of AVO attribute inversion technology to gas hydrate identification in the Shenhu Area, South China Sea[J]. Marine and Petroleum Geology, 2017, 80: 23–31.

[162] Wannamaker P E, Stodt J A, Rijo L. Two–dimensional topographic responses in magnetotelluric model using finite elements [J]. Geophyscis, 1986, 51: 2131–2144.

[163] Wannamaker P E, Stodt J A, Rijo L. A stable finite element solution for two–dimensional magnetotelluric modeling [J]. Geophysics, 1987, 88(1):277–296.

[164] Weast R C. Handbook of Chemistry and Physics [M]. New York: Chemical

Rubber Company Press, 1992.

[165] White J E, Angona F A. Elastic wave velocities in laminated media [J]. Journal of Acoustic Society of America, 1955, 27(2): 310–317.

[166] White J E. Seismic waves–radiation, transmission, and attenuation [M]. New York: McGraw–Hill, 1965.

[167] William L R. A techniqued for improving the accuracy of finite element solutions for magnetotelluric data [J]. Geophysics, 1976, 44(2):483–506.

[168] Wood A B. A text book of sound [M]. London: Bell and Sons,, 1930.

[169] Wood W T, Stoffa P L, Shipley T H. Quantitative detection of methane hydrate through high–resolution seismic velocity analysis [J]. Journal of Geophysical Research, 1994, 99: 9681–9695.

[170] Wu T T. The effect of inclusion shape on the elastic moduli of a two–phase material [J]. International Journal of Solids and Structures, 1966, 2: 1–8.

[171] Wyllie M R J, Gregory A R, Gardner L W. Elastic wave velocities in heterogeneous and porous media [J]. Geophysics, 1956, 21: 41.

[172] Wang X C, Pan D Y, Wu Z L, et al. Gas hydrate elastic properties inversion by AVO Technology in Shenhu Area of the South China Sea [J]. Arabian Journal of Geosciences, 2018, 11(18): 1–9.

[173] Xiao K, Zou C C, Xiang B, et al. Acoustic velocity log numerical simulation and saturation estimation of gas hydrate reservoir in Shenhu area, South China Sea [J]. The Scientific World Journal, 2013, 13: 1–13.

[174] Xiao K, Zou C C, Xiang B, et al. Log response of ultrasonic imaging and its significance for deep mineral prospecting of scientific drilling borehole–2 in Nanling district, China [J]. Journal of Geophysics and Engineering, 2014, 11(5): 1–11.

[175] Xiao K, Zou C C, Yu C Q, et al. Numerical simulation of response characteristics of audio magnetotelluric for gas hydrate in the Qilian Mountain permafrost, China. Acta Geophysica. 2015, 63(5): 1368–1404.

[176] Xiao K, Zou C C, Lu Z Q, et al. Gas hydrate saturations estimated from pore– and fracture–filling gas hydrate reservoirs in the Qilian Mountain permafrost,

China [J]. Scientific Reports, 2017, 7: 16258.

[177] Xiong Z, Tripp A C. 3–D electromagnetic modeling for near–surface targets using integral equations [J]. Geophysics, 1997, 62(4): 1097–1106.

[178] Yamaguchi S, Ogawa Y, Fuji–ta K, et al. Audio–frequency magnetotelluric imaging of the Hijima fault, Yamasaki fault system, southwest Japan [J]. Earth Planets and Space, 2010, 62(4): 401–411.

[179] Yang D H, Zhang Z J. Poroelastic wave equation including the Biot/squirt mechanism and the solid/fluid coupling anisotropy [J]. Wave Motion, 2002, 35(3): 223–245.

[180] Yang R, Yan P, Wu N Y, et al. Application of AVO analysis to gas hydrates identification in the northern slope of the South China Sea [J]. Acta geophysica, 2014, 62(4): 802–817.

[181] Yang S X, Zhang H Q, Wu N Y, et al. High concentration of hydrate in disseminated from obtained in Shenhu area, north slope of South China Sea [A]. Vancouver: Proceedings of the 6th International Conference on Gas Hydrates [C], 2008.

[182] Yi B Y, Lee G H, Horozal S, et al. Qualitative assessment of gas hydrate and gas concentrations from the AVO characteristics of the BSRs in the Ulleung Basin, East Sea (Japan Sea) [J]. Marine and Petroleum Geology, 2011, 28: 1953–1966.

[183] Yuan T, Hyndman R D, Spence G D, et al. Seismic velocity increase and deep–sea gas hydrate concentration above a bottom–simulating reflector on the northern Cascadia continental slope [J]. Journal of Geophysical Research, 1996, 101: 13655–13671.

[184] Zhu Y H, Zhang Y Q, Wen H J, et al. Gas hydrates in the Qilian Mountain Permafrost, Qinghai, Northwest China [J]. Acta Geologica Sinica (English Edition), 2010, 84(1): 1–10.

[185] Zhang K, Wei W B, Lv Q T. Four changes for efficiency and practicality on previous 3D MT NLCG inversion algorithm [J]. 2014, 49(4): 551–563.

[186] Zimmerman R W, King M S. The effect of the extent of freezing on seismic velocities in unconsolidated permafrost [J]. Geophysics, 1986, 51: 1285–1290.

[187] Zoeppritz K. Erdbebenwellen VIII B, Über reflexion und durchgang seismischer wellen durch Unstetigkeitsflächen [J]. Göttinger Nachrichten, 1919, I: 66–84.

[188] Zyserman F I, Santos J E. Parallel fininte element algorithm with domain decomposition for three-dimensional magnetelluric modeling [J]. Journal of Applied Geophysics, 2000, 44: 337–351.

[189] Zhang W, Liang J Q, Lu J A, et al. Accumulation features and mechanisms of high saturation natural gas hydrate in Shenhu Area, northern South China Sea [J]. Petroleum Exploration and Development, 2017, 44(5): 708–719.

[190] 白生海．青海省侏罗纪含煤盆地及含煤地层［J］．中国煤田地质，1993, 3(5): 20–23.

[191] 曹代勇，刘天绩，王丹，等．青海木里地区天然气水合物形成条件分析［J］．中国煤炭地质，2009, 21(9): 1–6.

[192] 曹代勇，王丹，李靖，等．青海祁连山冻土区木里煤田天然气水合物气源分析［J］．煤炭学报，2012, 37(8): 1364–1368.

[193] 陈建文，闫桂京，吴志强．天然气水合物的地球物理识别标志［J］．海洋地质动态，2004, 20(6): 9–12.

[194] 陈乐寿．有限元法在大地电磁测深正演计算中的应用与改进［J］．石油物探，1981, 20(3): 84–103.

[195] 陈乐寿，孙必俊．有限元法在大地电磁测深中正演计算的改进［J］．石油地球物理勘探，1982, 17(3): 69–72.

[196] 陈乐寿，王光鄂．大地电磁测深法［M］．北京：地质出版社，1990.

[197] 陈乐寿，刘任，王天生．大地电磁测深资料处理与解释［M］．北京：石油工业出版社，1989.

[198] 陈文华．音频大地电磁法及其今后的研究方向［J］．石油地球物理勘探，1981, 3: 62–74.

[199] 陈向斌，吕庆田，张昆．大地电磁测深反演方法现状与评述［J］．地球物理学进展，2011, 26(5): 1607–1619.

[200] 陈刚，杜启振，刘玉珍，等．AVO 截距和梯度属性的多波联合提取方法［J］．地球物理学进展，2016, 31(3): 1052–1057.

[201] 陈小斌．有限元直接迭代算法［J］．物探化探计算技术，1999, 21(2): 165–

171.

[202] 陈小斌，张翔，胡文宝. 有限元直接迭代算法在MT二维正演中的应用[J]. 石油地球物理勘探，2000, 35(4): 487–496.

[203] 陈小斌，赵国泽，汤吉，等. 大地电磁自适应正则化反演算法[J]. 地球物理学报，2005, 48(4): 937–425.

[204] 陈连木，高龙飞，吴萍萍. 复杂构造条件下不同插值方法对MT二维有限元正演模拟的影响[J]. 华北地震科学，2018, 36(3): 12–19.

[205] 陈利敏，秦荣芳，蒋艾林，等. 青海木里三露天天然气水合物钻孔岩心构造裂隙特征[J]. 现代地质，2015, 29(5): 1087–1095.

[206] 丛晓东. AVO技术在天然气水合物中的应用[D]:[硕士学位论文]. 山东，青岛：中国海洋大学，2011.

[207] 曹晓月，殷长春，张博，等. 面向目标自适应有限元法的带地形三维大地电磁各向异性正演模拟[J]. 地球物理学报，2018, 61(6): 2618–2628.

[208] 曹伟，盛煜，陈继. 青海木里煤田冻土环境评价研究[J]. 冰川冻土，2008, 30(1): 157–158.

[209] 方慧，孙忠军，徐明才，等. 冻土区天然气水合物勘查技术研究主要进展与成果[J]. 物探与化探，2017, 41(6): 991–997.

[210] 方慧，裴发根，何梅兴，等. 音频大地电磁测深法探测冻土区天然气水合物有效性实验[J]. 物探与化探，2017, 41(6): 1068–1074.

[211] 冯益民. 祁连造山带研究概况——历史、现状及展望[J]. 地球科学进展，1997, 12(4): 307–314.

[212] 逄硕，刘财，郭智奇，等. 基于频变AVO反演的页岩储层含气性地震识别技术[J]. 地球物理学报，2018, 61(11): 4613–4624.

[213] 符俊辉，周立发. 南祁连盆地石炭–侏罗纪地层区划及石油地质特征[J]. 西北地质科学，1998, 19(2): 47–54.

[214] 符俊辉，周立发. 南祁连盆地三叠纪地层及石油地质特征[J]. 西北地质科学，2000, 21(2): 64–72.

[215] 范宜仁，朱学娟. 天然气水合物储层测井响应与评价方法综述[J]. 测井技术，2011, 35(2): 104–111.

[216] 高红艳，钟广法，梁金强，等. 应用改进的Biot–Gassmann模型估算天然

气水合物的饱和度［J］. 海洋地质与第四纪地质，2012, 4: 83-89.

［217］管贻亮，李予国，胡祖志，等. 大地电磁非线性共轭梯度一维反演［J］. 石油物探，2014, 6: 752-759.

［218］郭新红，邱崇涛，杨明. 音频大地电磁测深法在新疆阿尔玛勒煤矿采空区勘查中的应用［J］. 物探与化探，2013, 2: 373-376.

［219］郭星旺. 祁连山冻土区天然气水合物测井响应特征及评价［D］. 北京：中国地质科学院，2011.

［220］郭星旺，祝有海. 祁连山冻土区DK-1钻孔天然气水合物测井响应特征和评价［J］. 地质通报，2011, 30(12): 1868-1873.

［221］何涛，史谓，邹长春，等. 地层条件下砂岩储层的AVO响应模板［J］. 北京大学学报（自然科学版），2011, 47(5): 837-844.

［222］何梅兴，方慧，张小博，等. 冻土带天然气水合物电磁法试验研究［A］. 中国地质学会. 2013年学术年会［C］: 173-180.

［223］何梅兴，吕琴音，裴发根，等. 青海木里天然气水合物储层大地电磁法理论模拟分析［J］. 地球物理学进展，2019, 34(1): 90-97.

［224］何梅兴，裴发根，方慧，等. 音频大地电磁测深在祁连山哈拉胡坳陷天然气水合物调查中的应用[J]. 物探与化探，2017, 41(6):1167-1174.

［225］胡建德，蔡刚. 用三角形二次插值法计算二维大地电磁测深曲线［J］. 石油地球物理勘探，1984, 19(4): 358-367.

［226］胡建德，王光锷，陈乐寿，等. 大地电磁二维正演计算中若干问题的讨论［J］. 石油地球物理勘探，1982, 17(6): 47-55.

［227］胡祖志，胡祥云，何展翔. 大地电磁非线性共轭梯度拟三维反演［J］. 地球物理学报，2006, 49(4): 1226-1234.

［228］胡祖志，胡祥云，吴文鹂，等. 大地电磁二维反演方法对比研究［J］. 煤田地质与勘探，2005, 1: 64-68.

［229］黄一凡，岳祖润，胡祥云. 冻土区天然气水合物各向异性储层的AMT响应特征［J］. 地球物理学报，2018, 61(6): 2629-2640.

［230］黄霞，祝有海，王平康，等. 祁连山冻土区天然气水合物烃类气体组分特征及成因来源［J］. 地质通报，2011, 30: 1851-1856.

［231］韩思旭，李勇，陈卫营，等. 基于CUDA并行计算的大地电磁二维有限元

数值模拟研究［J］. 地球物理学进展，2016, 31(3): 1095–1102.
［232］惠鑫，吴小平. 电阻率各向异性介质大地电磁二维非结构有限元数值模拟［J］. 物化探计算技术，2018, 40(4): 468–477.
［233］郝子琼. 2.5维CSAMT非线性共轭梯度反演方法研究［D］. 北京：中国地质大学（北京），2018.
［234］匡海阳，吕庆田，张昆，等. 多种电磁测深技术在深部控矿构造探测中的应用研究—以泥河铁矿为例［J］. 地质学报，2012, 6: 948–960.
［235］李红星，陶春辉，周建平，等. 非胶结含水合物沉积物修正等效介质速度模型及其地震波场特征研究［J］. 物理学报，2009, 58(11): 8083–8093.
［236］李靖，曹代勇，秦荣芳，等. 断裂系统对木里天然气水合物分布的控制作用［C］. 中央高校基本科研业务费项目研究成果学术交流会论文集，北京：煤炭工业出版社，2013: 773–778.
［237］李焱，胡祥云，吴桂桔，等. 基于MPI的二维大地电磁正演的并行计算［J］. 地震地质，2010, 3: 392–401.
［238］李予国，徐世浙，刘斌，等. 电导率连续变化的MT有限元正演（Ⅱ）［J］. 高校地质学报，1996, 2(4): 448–452.
［239］李中元. 北极地区天然气水合物的AVO属性研究［J］. 石油物探，2004, S1: 135–137.
［240］李俊杰，严家斌. 大地电磁二维正演中的有限元–径向基点插值法［J］. 中国有色金属学报，2015, 25(5): 1314–1324.
［241］梁劲，梁金强，王宏斌，等. AVO属性分析在天然气水合物地震解释中的应用［J］. 物探化探计算技术，2008, 30(1): 22–26.
［242］林霖，梁劲，郭依群，等. 利用声波速度测井估算海域天然气水合物饱和度［J］. 测井技术，2014, 2: 234–238.
［243］林振洲，李洋，高文利，等. 祁连山冻土区天然气水合物层位测井物性分析［J］. 物探与化探，2013, 37(5): 834–838.
［244］刘长生，汤井田，任政勇，等. 基于非结构化网格的三维大地电磁自适应矢量有限元模拟［J］. 中南大学学报（自然科学版），2010, 5: 1855–1859.
［245］刘怀山，周正云. 用于研究东海天然气水合物的地震资料处理方法［J］. 青岛海洋大学学报（自然科学版），2002, 3: 441–448.

[246] 刘小军，王家林，于鹏．基于二次场的二维大地电磁有限元数值模型［J］．同济大学学报，2007, 35(8): 1113–1117.

[247] 刘羽．大地电磁Occam反演中拉格朗日乘子搜索的并行计算［J］．物探化探计算技术，2005, 28(4): 420–427.

[248] 刘羽，王家映，孟永良．基于PC机群的大地电磁Occam反演并行计算研究［J］．石油物探，2006, 45(3): 311–315.

[249] 刘元英．冻土带天然气水合物岩石物性及地震电磁响应特征研究［D］:［博士学位论文］．安徽，合肥：中国科学技术大学，2017.

[250] 柳建新，童孝忠，程云涛，等．有效视电阻率在音频大地测量数据二维反演中的应用［J］．地质与勘探，2008, 3: 56–59.

[251] 卢振权，祝有海，张永勤，等．青海省祁连山冻土区天然气水合物基本地质特征［J］．矿床地质，2010a, 29(1): 182–190.

[252] 卢振权，祝有海，张永勤，等．青海祁连山冻土区天然气水合物资源量的估算方法：以钻探区为例［J］．地质通报，2010b, 29(9): 1310–1318.

[253] 卢振权，祝有海，张永勤，等．青海祁连山冻土区天然气水合物的气源条件极其指示意义［J］．矿床地质，2013a, 32(5): 1035–1044.

[254] 卢振权，祝有海，刘晖，等．祁连山冻土区与天然气水合物伴生的油气显示现象［J］．现代地质，2013b, 27(1): 231–238

[255] 马海．天然气水合物储层AVO响应分析［D］．山东，青岛：中国海洋大学，2013.

[256] 闵刚，王绪本，张兵，等．AMT法在黔东北岑巩地区的页岩气勘探试验［J］．石油地球物理勘探，2014, 4: 815–824.

[257] 孟大江，文鹏飞，张旭东．AVO反演在琼东南海域天然气水合物识别中的应用［J］．海洋地质前言，2018, 34(7): 46–55.

[258] 牛滨华，文鹏飞，温宁，等．基于BSR的AVO正演估算水合物含量方法的研究［J］．地球物理学报，2006, 49(1): 143–152.

[259] 裴发根，方慧，仇根根，等．青海哈拉湖东南缘多年冻土厚度及其影响因素研究——基于音频大地电磁测深［J］．物探与化探，2017, 41(6): 1175–1182.

[260] 庞守吉，苏新，何浩，等．祁连山冻土区天然气水合物地质控制因素分析

[J]. 地学前缘，2013, 20(1): 223–239.
[261] 庞守吉，苏新，杨旭，等. 祁连山冻土区天然气水合物科学钻探试验井中侏罗统的沉积学特征[J]. 地质通报，2011, 30(12): 1829–1838.
[262] 庞守吉. 祁连山木里天然气水合物钻孔沉积构造特征及与水合物分布关系研究[D]. 北京：中国地质大学（北京），2012.
[263] 秦策. 基于自适应矢量有限元法的三维大地电磁正反演研究[D]. 成都：成都理工大学，2018.
[264] 任伟，金胜. 应用音频大地电磁法探测内蒙古巴丹吉林高大沙山结构及成因[J]. 现代地质，2011, 6: 1167–1173.
[265] 阮爱国，李家彪，初凤友，等. 海底天然气水合物层界面反射AVO数值模拟[J]. 地球物理学报，2006, 49(6): 1826–1835.
[266] 宋海斌，松林修，吴能友，等. 海洋天然气水合物的地球物理研究（Ⅰ）：岩石物性[J]. 地球物理学进展，2001, 16(2): 118–126.
[267] 孙春岩，章明昱，牛滨华，等. 天然气水合物地震似海底反射现象AVO正演模型研究[J]. 现代地质，2003, 3: 337–344.
[268] 田占峰，毛星，罗旭，等. 音频大地电磁测深法在电性结构研究中的应用——以郯庐断裂带宿迁段为例[J]. 物探与化探，2016, 40(4): 732–736.
[269] 汤井田，刘子杰，刘峰屹，等. 音频大地电磁法强干扰压制试验研究[J]. 地球物理学报，2015, 58(12): 4636–4647.
[270] 汤井田，张林成，王显莹，等. 庐纵矿集区矾山—将军庙地区AMT三维反演及地质结构解释[J]. 地球物理学报，2018, 61(4): 1576–1587
[271] 谭捍东，陈乐寿，魏文博，等. 先进的大地电磁资料处理和反演方法在INDEPTH–MT中的应用研究[J]. 现代地质，1997, 11(3): 393–400.
[272] 谭捍东，姜枚，林昌洪，等. 云南腾冲火山构造区的电性结构特征及其地质意义[J]. 中国地质，2013, 3: 800–806.
[273] 谭捍东，余钦范，Booker J，等. 大地电磁三维快速松弛反演[J]. 地球物理学报，2003, 46(6): 850–854.
[274] 唐新功，胡文宝，苏朱刘，等. 我国南方地区页岩气电磁勘探技术初探[J]. 长江大学学报(自然科学版)，2011, 11: 33–34.
[275] 童孝忠. 大地电磁测深有限单元法正演与混合遗传算法正则化反演研究

[D]:[博士学位论文]. 湖南，长沙：中南大学，2008.
[276] 王吉亮，王秀娟，钱进，等. 裂隙充填型天然气水合物的各向异性分析及饱和度估算—以印度东海岸NGHP01-10D井为例 [J]. 地球物理学报，2013, 56(4): 1312–1320.
[277] 王平康，祝有海，卢振权，等. 祁连山冻土区天然气水合物岩性和分布特征 [J]. 地质通报，2011, 30(12): 1839–1850.
[278] 王平康，祝有海，卢振权，等. 祁连山冻土区天然气水合物成藏体系中自生黄铁矿地球化学特征与成因探讨 [J]. 中国科学：地球科学，2014, 44: 1283–1297.
[279] 王秀娟，吴时国，郭璇，等. 南海陆坡天然气水合物饱和度估计 [J]. 海洋地质与第四纪地质，2005, 3: 89–95.
[280] 王秀娟，吴时国，徐宁. 地震属性参数在识别天然气水合物和游离气分布模式中的应用 [J]. 海洋与湖沼，2006, 37(3): 271–279.
[281] 王鹏，王志章，潘仁芳，等. 多方位AVO裂缝检测技术在汪家屯地区应用及效果 [J]. 天然气地球科学，2014, 25(6): 914–920.
[282] 王文国. 音频大地电磁测深在羌塘盆地天然气水合物勘探中的应用研究 [D]. 北京：中国地质大学（北京），2015.
[283] 王少博. 三维大地电磁正演快速算法研究 [D]. 吉林：吉林大学，2017.
[284] 文怀军，鲁静，尚潞君，等. 青海聚乎更矿区侏罗纪含煤岩系层序地层研究 [J]. 中国煤田地质，2006, 18(5): 19–21.
[285] 文怀军，邵龙义，李永红，等. 青海省天俊县木里煤田聚乎更矿区构造轮廓和地层格架 [J]. 地质通报，2011, 30(12): 1823–1828.
[286] 吴小平，徐果明. 大地电磁数据的Occam反演改进 [J]. 地球物理学报，1998, 41(4): 547–553.
[287] 吴吉春，盛煜，于晖，等. 祁连山中东部的冻土特征（Ⅰ）：多年冻土分布 [J]. 冰川冻土，2007, 29(3): 418–422.
[288] 相鹏. 一种改进的二维MT预条件非线性共轭梯度反演方法 [J]. 中国石油大学学报（自然科学版），2014, 4: 42–49.
[289] 徐凌华，童孝忠，柳建新，等. 基于有限单元法的二维/三维大地电磁正演模拟策略 [J]. 物探化探计算技术，2009, 5: 421–425.

[290] 徐明才，刘建勋，柴铭涛，等. 青海木里地区天然气水合物地震试验研究[J]. 地质与勘探，2012, 48(6): 1180–1187.
[291] 徐明才，刘建勋，张保卫，等. 陆域天然气水合物地震探测有效性试验研究[J]. 物探化探计算技术，2013, 35(4): 375–382.
[292] 徐明才，哈立洋，王小江，等. 哈拉湖地区天然气水合物地震探测技术试验[J]. 物探与化探，2016, 40(4): 667–674.
[293] 徐明才，刘建勋，李培，等. 羌塘盆地戈木错地区天然气水合物地震探测[J]. 物探与化探，2017, 41(6): 1220–1227.
[294] 徐世浙. 地球物理中的有限单元法[M]. 北京：科学出版社，1994.
[295] 徐世浙，于涛，李予国，等. 电导率连续变化的MT有限元正演（Ⅰ）[J]. 高校地质学报，1995, 1(2): 65–73.
[296] 肖昆. 祁连山冻土区天然气水合物储层地球物理响应特征数值模拟研究[D]. 北京：中国地质大学（北京），2015.
[297] 肖昆，邹长春，杨亚新，等. 祁连山冻土区孔隙型水合物地层速度估算方法研究[J]. 地球物理学进展，2017, 32(6): 2697–2702.
[298] 杨承志. 音频大地电磁非线性共轭梯度二维反演研究及其在九瑞矿集区的应用[D]. 抚州：东华理工大学，2013.
[299] 杨承志，邓居智，陈辉. 采集参数对音频大地电磁法二维非线性共轭梯度反演结果的影响研究[J]. 地球物理学进展，2013, 3: 1346–1354.
[300] 杨进，安海忠. 音频大地电磁法在秦岭地区的地质效果[J]. 物探与化探，1995, 4: 286–290.
[301] 杨绍国，周熙襄. Zoeppritz方程的级数表达式及近似[J]. 石油地球物理勘探，1994, 29(4): 399–412.
[302] 杨森鑫，谭捍东，梁盛军. 大地电磁主轴各向异性二维理论模型反演分析[J]. 科学技术与工程，2019, 19(4): 52–57.
[303] 姚大为，王书民，雷达，等. CSAMT在祁连山永久冻土区天然气水合物调查中的应用[J]. 工程地球物理学报，2013, 10(2): 132–137.
[304] 于常青，王琪，卢振权，等. 青海木里地区天然气水合物三维地震探测[J]. 现代地质，2015, 29(5): 1130–1137.
[305] 殷长春，张博，刘云鹤，等. 面向目标自适应三维大地电磁正演模拟[J].

地球物理学报，2017, 60(1): 327–336.

［306］曾国．大地电磁二维有限元正演数值模拟［D］．长沙：中南大学，2008.

［307］张帆，魏文博，金胜，等．海岸效应对近海地区大地电磁测深数据畸变作用研究［J］．地球物理学报，2012, 12: 4023–4035.

［308］张昆，魏文博，吕庆田，等．井地大地电磁非线性共轭梯度二维反演研究［J］．地质学报，2011, 5: 915–924.

［309］张昆，董浩，严加永，等．一种并行的大地电磁场非线性共轭梯度三维反演方法［J］．地球物理学报，2013, 11: 3922–3931.

［310］张世晖．陆域冻土带天然气水合物地震反射特征分析［A］．中国地球物理学会．中国地球物理2011[C]: 973.

［311］张凤鸣．木里煤田的冻土［J］．煤田地质与勘探，1989, 3: 50–53.

［312］周汝峰，王绪本，秦策，等．大地电磁NLCG与OCCAM二维反演的综合利用［J］．地球物理学进展，2016, 31(5): 2306–2312.

［313］张雪亭，杨生德．青海省板块构造研究—1:100万青海省大地构造图说明书［M］．北京：地质出版社，2007.

［314］张玉华．基于岩石物理的AVO正演模拟研究［D］．青岛：中国石油大学，2007.

［315］张聿文，刘学伟，李海鸥．基于单相与双相介质拟海底反射的AVO研究［J］．石油物探，2004, 43(3): 209–216.

［316］张宝强，于常青，谈顺佳，等．利用测井和地震资料分析木里盆地天然气水合物形成特征［J］．地球物理学进展，2018, 33(1): 311–318.

［317］赵广茂，李桐林，王大勇，等．基于二次场二维起伏地形MT有限元数值模拟［J］．吉林大学学报（地球科学版），2008, 6: 1055–1059.

［318］赵维俊，颜廷杰，高智超．大地电磁非线性共轭梯度反演试验—以内蒙古扎鲁特盆地数据为例［J］．地球物理学进展，2014, 5: 2128–2135.

［319］郑晓东．Zoeppritz方程的近似及其应用［J］．石油地球物理勘探，1991, 26(2): 129–144.

［320］朱伯芳．有限单元法原理与应用［M］．北京：水利出版社，1979.

［321］朱宗洋．磁法和考虑磁导率影响的大地电磁法二维联合反演研究［D］．北京：中国地质大学（北京），2018.

[322] 张尧声，张世晖，卞爱飞. 海域天然气水合物全波形反演研究进展 [J]. 地球物理学进展，2015，30(5): 2404–2411.
[323] 张君涛. 大地电磁测深二维各向异性有限元正演模拟 [D]. 成都：成都理工大学，2015.
[324] 赵琴. 全波列测井在天然气水合物储层解释中的应用 [D]. 吉林：吉林大学，2015.
[325] 赵省民. 海底天然气水合物赋存的间接识别标志 [J]. 地球科学－中国地质大学学报，2000, 25(6): 624–628.
[326] 周超，王光杰，林方丽，等. 花岗岩地区深部地热构造电磁法探测研究—以福建龙海地区为例 [J]. 地区物理学进展，2019.
[327] 周幼吾，郭东信，邱国庆，等. 中国冻土 [M]. 北京：科学出版社，2000.
[328] 祝有海，刘亚玲，张永勤. 祁连山多年冻土区天然气水合物的形成条件 [J]. 地质通报，2006, 25(1–2): 58–63.
[329] 祝有海，张永勤，文怀军，等. 青海祁连山冻土区发现天然气水合物 [J]. 地质学报，2009, 83(11): 1762–1771.
[330] 祝有海，张永勤，文怀军，等. 祁连山冻土区天然气水合物及其基本特征 [J]. 地球学报，2010, 31(1): 7–16.
[331] 祝有海，赵省民，卢振权. 中国冻土区天然气水合物的找矿选区及其资源潜力 [J]. 天然气工业，2011a, 31(1): 1–7.
[332] 祝有海，张永勤，文怀军. 祁连山冻土区天然气水合物科学钻探工程概况 [J]. 地质通报，2011b, 30(12): 1816–1822.
[333] 邹长春，肖昆，周新鹏，等. 于都—赣县矿集区科学钻探NLSD–1孔超声波成像测井响应特征及其深部找矿意义 [J]. 地质学报，2014, 88(4): 676–685.